Praktikum der quantitativen anorganischen Analyse

Von

Alfred Stock und Arthur Stähler

Dritte, durchgesehene Auflage

Mit 36 Textfiguren

Springer-Verlag Berlin Heidelberg GmbH

1920

Copyright 1920 by Springer-Verlag Berlin Heidelberg

Originally Published by Julius Springer in Berlin in 1920

ISBN 978-3-662-42105-5   ISBN 978-3-662-42372-1 (eBook)
DOI 10.1007/978-3-662-42372-1

Aus dem Vorwort zur ersten Auflage.

„Die Form der sehr ausführlich gegebenen Vorschriften wird absichtlich recht variiert, damit die Studierenden auf die Benutzung der Originalliteratur vorbereitet werden.

Angaben über Wägen, Fällen, Filtrieren usw. sind nicht, wie es in ähnlichen Anleitungen meist geschieht, in homöopathischen Portionen bei den einzelnen Analysen gebracht, sondern in einem besonderen vorangesetzten Abschnitte vereinigt, auf welchen dann später verwiesen wird. Die Praktikanten sollen dadurch veranlaßt werden, sich mit diesem wichtigen Kapitel recht oft zu beschäftigen. Eine derartige Anordnung ist auch für diejenigen von Vorteil, welche, wie Mediziner und Lehramtskandidaten, nur eine kleinere Zahl Analysen ausführen wollen, da sie Chemie nicht als Hauptfach treiben. Die allgemeinen Teile, denen eine tabellarische Übersicht über die quantitative Bestimmung der wichtigsten Stoffe beigefügt ist, sind so gehalten, daß sie dieser Kategorie von Studierenden das Studium eines Lehrbuches der quantitativ-analytischen Chemie entbehrlich machen können.

Entgegen dem meist befolgten Gebrauch bilden die maßanalytischen Methoden den Anfang. Sie sind einfacher auszuführen als die gewichtsanalytischen, welche auch schon Übung im Umgehen mit Meßgefäßen verlangen. Die Erfahrung zeigte übrigens, daß die Studierenden, wenn sie zuvor gewichtsanalytisch arbeiteten, das für die Praxis so wichtige Titrieren häufig als eine Art minderwertiger Analyse ansehen und ihm weniger Interesse entgegenbringen, als wenn sie damit beginnen.

Die beim Laboratoriumsunterricht notwendige Kontrolle der Analysenresultate wird dadurch ermöglicht, daß bei den meisten Aufgaben das Gewicht der Analysensubstanz, welche als Lösung oder, wenn sie fest ist, vom Assistenten abgewogen ausgegeben wird, den Praktikanten unbekannt bleibt. In Instituten, wo dies für Lehrer und Lernende gleich empfehlenswerte Verfahren noch nicht angenommen ist, bereitet seine Einführung einige Umstände. Um diese nach Möglichkeit zu verringern, sind sehr genaue Angaben über die Herstellung und Ausgabe der Lösungen, die erforderlichen Apparate, Chemikalien usw. im ‚Anhang‘ zusammengestellt.“

Vorwort zur dritten Auflage.

Die neue Auflage ist gegenüber der zweiten nur unwesentlich verändert, z. B. durch Annahme der von K. A. Hofmann in seinem Lehrbuch der anorganischen Chemie eingeführten Wertigkeitsbezeichnung.

Mai 1920.

Inhaltsübersicht.

Verzeichnis der Abbildungen.

Atomgewichte.

Ag	Silber	107,88	N	Stickstoff	14,01
Al	Aluminium	27,1	Na	Natrium	23,00
Ar	Argon	39,88	Nb	Niobium	93,5
As	Arsen	74,96	Nd	Neodym	144,3
Au	Gold	197,2	Ne	Neon	20,2
B	Bor	11,0	Ni	Nickel	58,68
Ba	Barium	137,37	Nt	Niton	222,0
Be	Beryllium	9,1	O	Sauerstoff	16,00
Bi	Wismut	209,0	Os	Osmium	190,9
Br	Brom	79,92	P	Phosphor	31,04
C	Kohlenstoff	12,005	Pb	Blei	207,20
Ca	Kalzium	40,07	Pd	Palladium	106,7
Cd	Kadmium	112,40	Pr	Praseodym	140,9
Ce	Cer	140,25	Pt	Platin	195,2
Cl	Chlor	35,46	Ra	Radium	226,0
Co	Kobalt	58,97	Rb	Rubidium	85,45
Cr	Chrom	52,0	Rh	Rhodium	102,9
Cs	Zäsium	132,81	Ru	Ruthenium	101,7
Cu	Kupfer	63,57	S	Schwefel	32,06
Dy	Dysprosium	162,5	Sb	Antimon	120,2
Er	Erbium	167,7	Sc	Skandium	45,2
Eu	Europium	152,0	Se	Selen	79,2
F	Fluor	19,0	Si	Silizium	28,3
Fe	Eisen	55,84	Sm	Samarium	150,4
Ga	Gallium	69,9	Sn	Zinn	118,7
Gd	Gadolinium	157,3	Sr	Strontium	87,63
Ge	Germanium	72,5	Ta	Tantal	181,5
H	Wasserstoff	1,008	Tb	Terbium	159,2
He	Helium	4,00	Te	Tellur	127,5
Hg	Quecksilber	200,6	Th	Thor	232,4
Ho	Holmium	163,5	Ti	Titan	48,1
In	Indium	114,8	Tl	Thallium	204,0
Ir	Iridium	193,1	Tu	Thulium	168,5
J	Jod	126,92	U	Uran	238,2
K	Kalium	39,10	V	Vanadin	51,0
Kr	Krypton	82,92	W	Wolfram	184,0
La	Lanthan	139,0	X	Xenon	130,2
Li	Lithium	6,94	Y	Yttrium	88,7
Lu	Lutetium	175,00	Yb	Ytterbium	173,5
Mg	Magnesium	24,32	Zn	Zink	65,37
Mn	Mangan	54,93	Zr	Zirkonium	90,6
Mo	Molybdän	96,0			

Einleitung.

Die **quantitative Analyse** dient zur Ermittelung der Mengen, in welchen die einzelnen Bestandteile oder Elemente in einem Stoff enthalten sind. Für Wissenschaft und Technik ist sie von größter Bedeutung. Sie ergibt die Zusammensetzung und Formel neuer Substanzen, sie liefert Aufschluß über die Reinheit, die Brauchbarkeit, den Verkaufswert chemischer Produkte.

Die Wahl eines zweckmäßigen quantitativ-analytischen Verfahrens ist nur möglich, wenn man die **qualitative** Zusammensetzung des zu analysierenden Materials kennt. Ist dies nicht der Fall, so hat der quantitativen eine sorgfältige **qualitative** Analyse voranzugehen, die auch bereits erkennen lassen muß, welche Bestandteile in großen Mengen, welche als geringfügige Beimengungen oder Verunreinigungen zugegen sind. Davon ist häufig der Gang der quantitativen Analyse abhängig zu machen.

Es gibt mehrere grundsätzlich verschiedene **Verfahren der quantitativen Analyse.**

Bei der **Gewichtsanalyse** wird der zu bestimmende Stoff in Gestalt einer geeigneten Verbindung zur Wägung gebracht. Meist ist er vorher von anderen Bestandteilen der Analysensubstanz zu trennen. Die häufigsten Operationen sind dabei Eindampfen von Lösungen und Ausfällen aus solchen durch Reagentien oder Elektrizität (**Elektroanalyse**). Die Masse gasförmiger Stoffe wird nicht durch Wägung, sondern durch Volummessung bestimmt (**Gasanalyse und Gasvolumetrie**).

Bei der **Maßanalyse** vollzieht sich zwischen dem zu bestimmenden Stoff und einem passend gewählten, als Lösung von bekanntem Gehalt verwendeten Reagens eine Reaktion, deren Ende leicht zu beobachten ist. Aus dem Volum der zur vollständigen Umsetzung verbrauchten Reagenslösung wird die Menge des Stoffes berechnet. Wegen der Einfachheit und Schnelligkeit der Ausführung findet die Maßanalyse besonders in der Technik ausgedehnteste Verwendung. Bei wissenschaftlichen Untersuchungen bevorzugt man vielfach die Gewichtsanalyse, weil diese die Reinheit der abgeschiedenen Stoffe zu prüfen erlaubt.

Bei der physikalischen Analyse wird aus der Größe geeigneter, leicht zu messender physikalischer Konstanten auf die quantitative Zusammensetzung des Untersuchungsstoffes geschlossen. Ein Beispiel ist die Bestimmung des Chlorwasserstoffes in wässeriger Salzsäure mittels des Aräometers. Wie hier die Dichte, so eignen sich auch viele andere Eigenschaften zu ähnlichen Messungen, z. B. Schmelzpunkt, Siedepunkt, Farbe (Kolorimetrie), Lichtbrechung (Refraktometrie), Drehung der Polarisationsebene des Lichtes (Polarimetrie), elektrische Leitfähigkeit, Verbrennungswärme (Kalorimetrie) u. a. Die sog. indirekte Analyse sei hier nur erwähnt; sie wird später besprochen (S. 22).

Allgemeine Vorschriften für quantitatives Analysieren. Gewissenhaftigkeit und Sauberkeit mache man sich zur strengsten Regel. Man achte auf die Reinheit des Arbeitsplatzes und der Luft. Beim Titrieren von Säuren sind keine guten Ergebnisse zu erhoffen, wenn die Luft ammoniakhaltig ist. Eine Lösung, in welcher Schwefelsäure bestimmt werden soll, stelle man nicht neben eine Schale mit Schwefeldioxydlösung u. dgl. mehr.

Bevor man eine Analyse beginnt, lese man die Vorschrift sorgfältig bis zu Ende und befolge sie dann in allen Einzelheiten. Versuche, Analysen zu „vereinfachen" (z. B. indem man die vorgeschriebene Reinheitsprüfung von Reagentien unterläßt), rächen sich oft durch mangelhafte Ergebnisse. Man teile seine Zeit geschickt ein, so daß man ununterbrochen beschäftigt ist; fälle andererseits z. B. nichts spät am Abend, was nach einigen Stunden filtriert werden soll.

Bei jeder Analyse sind zwei Bestimmungen nebeneinander auszuführen. Bemerkt man, daß ein Versehen unterlaufen ist, so muß die Analyse sofort verworfen und neu begonnen werden. Unter keinen Umständen versuche man, den Fehler durch Anbringen von Korrektionen bei der Berechnung auszugleichen.

Die nun folgenden Abschnitte über die Arbeitsverfahren der quantitativen Analyse studiere man gründlich und wiederholt. Das hier Gesagte ist bei allen Analysen zu berücksichtigen, ohne daß dort noch einmal ausdrücklich darauf hingewiesen wird.

Allgemeiner Teil.[1]

Das Material der Geräte, welche beim quantitativen Analysieren verwendet werden, muß man genau kennen, damit man ihm nicht mehr zumutet, als es zu leisten vermag, und dadurch analytische Fehler verursacht.

Das gewöhnliche Glas (Natrium-Kalzium-Silikat) ist in Wasser und Säuren, zumal in der Wärme, erheblich löslich (vgl. Versuch 2, S. 32); noch viel stärker wird es durch alkalische Flüssigkeiten angegriffen. Größer ist die chemische Widerstandsfähigkeit des Jenaer Glases (im wesentlichen borsäurehaltiges Natrium-Magnesium-Zink-Silikat) und gewisser anderer „Geräteglas"-Sorten, welche auch bei Temperaturänderungen weniger leicht springen. Gutes Porzellan ist sauren und auch schwach alkalischen Flüssigkeiten gegenüber recht haltbar, verträgt zudem weit höhere Hitze als Glas. Das ebenfalls sehr feuerfeste „Quarzglas" (geschmolzenes, klares oder durch Gasblasen getrübtes Siliziumdioxyd) ist gegen Wasser und saure wässerige Flüssigkeiten vollkommen beständig, wird dagegen schon bei Zimmertemperatur durch Laugen, in der Hitze durch alle basischen Oxyde, durch Phosphor- und Borsäure angegriffen. Wegen seines sehr kleinen Ausdehnungskoeffizienten springt es auch bei schroffen Temperaturänderungen nicht. Übrigens ist es zerbrechlicher als Glas.

Ein in Gestalt von Tiegeln, Schalen, Spateln bei der quantitativen Analyse viel gebrauchtes Material ist das meist etwas iridiumhaltige Platin. Seine mechanische und chemische Widerstandsfähigkeit, sein hoher Schmelzpunkt, sein gutes Wärmeleitvermögen machen es so wertvoll. Nur wenige Stoffe greifen es an und dürfen daher nicht mit Platingefäßen in Berührung gebracht werden. Zu ihnen zählen Chlor, Brom und alle Lösungen oder Substanzen, welche diese Halogene enthalten oder entwickeln (z. B. Königswasser, Gemenge von Chloriden mit Nitraten, Chromaten usw., erhitztes Eisen(3)-Chlorid u. a.), ferner geschmolzene

---

[1] Eine ausführliche Beschreibung der Laboratoriumsgeräte, der allgemeinen Operationen usw. findet sich in Stählers „Handbuch der Arbeitsmethoden in der anorganischen Chemie", Band 1.

1*

Alkalihydroxyde (daher auch hoch erhitzte Alkalinitrate) und eine Reihe von Elementen, die sich mit Platin bei höherer Temperatur vereinigen oder legieren (As, B, P, Sb, Si, Ag, Au, Bi, Pb, Sn u. a.; auch Boride, Phosphide, Silizide u. dgl.). Gewisse Sauerstoffsalze, wie Arsenate u. ä., welche von dem bei Rotglut durch Platin diffundierenden Wasserstoff der Flammengase reduziert werden, wirken ebenfalls schädlich.

Man erhitze Platingeräte nur im oberen Teil der entleuchteten Bunsen- oder Gebläseflamme, niemals mit leuchtenden oder kohlenwasserstoffhaltigen Flammen, da sie sonst durch vorübergehende Schwefel- und Kohlenstoffaufnahme brüchig und in kurzer Zeit unbrauchbar werden. Figur 1 I zeigt die fehlerhafte, II die richtige Stellung eines Tiegels in der Bunsenflamme. Glühendes Platin soll nicht mit Eisen in Berührung kommen; man erwärme Platinapparate daher nur auf Drahtdreiecken, welche mit Quarzröhren umkleidet sind, und fasse sie mit Nickel- oder Platinzangen. Lange Zeit hoch erhitzt, erleiden Platingefäße kleine Gewichtsverluste durch Verdampfen des Metalles[1]).

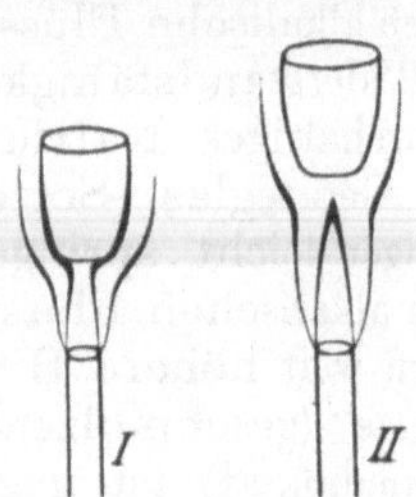

Fig. 1.
Falsches   Richtiges
Erhitzen eines Platintiegels
in der Bunsenflamme.

Die Reinigung der Platingeräte erfolgt durch Abscheuern mit Wasser und Bariumkarbonat oder rundkörnigem (See-) Sand, sowie durch Ausschmelzen mit entwässerter Soda (zur Beseitigung von SiO_2 und Silikaten) oder Kaliumbisulfat (welches bei Rotglut SO_3 entwickelt und Metalloxyde in Sulfate verwandelt).

Die Oberfläche neuer Platintiegel und -schalen ist in der Regel von der Verarbeitung her etwas eisenhaltig; durch Behandeln mit warmer Salzsäure ist das Eisen zu entfernen.

Gelegentlich lassen sich an Stelle des Platins platinplattierte Geräte aus billigeren Metallen, z. B. Nickel, verwenden.

Tiegel und Schalen aus Silber (Schmelzpunkt 950°; Vorsicht beim Erhitzen!) finden bei der Verarbeitung alkalischer Lösungen oder Schmelzen mit Vorteil Anwendung. Alkalihydroxyd

---

[1]) Nach **B**urge**ss** und Walte**n**be**r**g beträgt der Gewichtsverlust eines Tiegels von 100 qcm Oberfläche stündlich

	bei 900°	1000°	1200°
für reines Platin	0	0,08 mg	0,81 mg
für Platin mit 1% Iridium .	0	0,30 „	1,2 „
für Platin mit 2½% Iridium	0	0,57 „	2,5 „ .

greift Silbergeräte erst an, wenn es über seinen Schmelzpunkt erwärmt wird.

Man vergesse nicht, daß der in Form von Stopfen und Schläuchen verwendete **Kautschuk** in Alkohol, Äther, Schwefelkohlenstoff teilweise löslich ist, sowie an Alkali, strömenden Wasserdampf u. dgl. Schwefel abgibt. Kautschuk ist durchlässig für Kohlendioxyd, aber nicht für Luft und andere Gase. In einem mit CO_2 gefüllten, geschlossenen, mit Kautschukschläuchen versehenen Apparat entsteht daher allmählich ein Vakuum.

Glasröhren und -stäbe sind **stets rund** zu schmelzen, damit sie die Schläuche und Stopfen nicht beschädigen und undicht machen.

Vorbereitung der Substanzen für die Analyse. Soll die quantitative Analyse bei wissenschaftlichen Arbeiten über die Formel eines Stoffes Aufschluß geben, so ist das Material zuvor möglichst zu reinigen; dazu dienen in der Regel die Operationen des Umkristallisierens, des fraktionierten Destillierens und Sublimierens. Bei technischen Analysen kommt es häufig darauf an, aus einer großen Materialmenge eine sog. Durchschnittsprobe zu entnehmen. Durch die Verbände der einzelnen Industriezweige sind für die meisten derartigen Fälle besondere Vorschriften ausgearbeitet worden.

Schwer angreifbare Stoffe, z. B. viele Mineralien, müssen vor Beginn der Analyse sorgfältig zerkleinert werden. Man zerschlägt große Stücke mit einem Hammer, wobei man sie in geleimtes Papier einwickelt. Dann zerteilt man sie weiter in einem sog. Diamantmörser aus hartem, glattem Stahl (Fig. 2). In den röhrenförmigen, auf den Fuß des Mörsers aufgesetzten Teil werden einige grob zerkleinerte Stücke des Minerals usw. gegeben und nach Einführen des Stempels durch kräftige Hammerschläge zertrümmert. Das so dargestellte, grobe Pulver wird dann in einer Porzellan- oder Achatreibschale verrieben, bis es keine größeren Teile mehr erkennen läßt. Trennt man Feines und Grobes durch Sieben oder Beuteln, so muß der gröbere Anteil von neuem zerkleinert werden, bis alles durchgesiebt oder gebeutelt ist. Anderenfalls ist man nicht sicher, daß der zerkleinerte Teil die Zusammensetzung des ursprünglichen Materials hat.

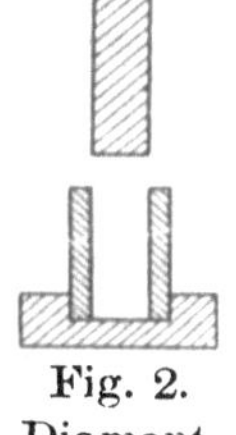

Fig. 2.
Diamantmörser.

Metallische Stoffe zerteilt man je nach ihrer Sprödigkeit durch Auswalzen und Zerschneiden oder Pulvern, Raspeln u. dgl.

Feuchte Substanzen werden durch längeres Liegen an der Luft oder im Exsikkator (Fig. 3), einem mit aufgeschliffenem Deckel versehenen Glasgefäß, in dessen unteren Teil gekörntes Chlorkalzium[1]) gefüllt wird, von Wasser befreit. In geeigneten Fällen wird die Wasserabgabe durch Temperaturerhöhung (auf dem Wasserbad, im Lufttrockenschrank, durch Glühen) beschleunigt. Immer muß man sich durch Wägen überzeugen, daß weiteres Trocknen das Gewicht der Substanz nicht mehr ändert.

Fig. 3.
Exsikkator.

Scharf getrocknete, besonders feinverteilte Stoffe sind dauernd im Exsikkator aufzubewahren; an freier Luft würden sie wieder Feuchtigkeit anziehen.

Wägen und Abmessen. Die Wägungen werden auf einer feinen, sog. analytischen Wage (Maximalbelastung 100 g!) bis auf $^1/_{10}$ mg genau ausgeführt. Man bringt den abzuwägenden Gegenstand auf die linke, die Gewichte auf die rechte Wageschale. Die Zentigramme ermittelt man durch Auflegen der Gewichte auf die Wageschale, die Milligramme und ihre Bruchteile durch Verschieben des 1 cg schweren sog. Reiters auf der Teilung des Wagebalkens. Die Prüfung des Gewichtssatzes wird später ausführlich besprochen (S. 27). Vor Ausführung einer Wägung bestimmt man den Nullpunkt der Wage, d. h. die Stelle der am unteren Ende der Säule angebrachten Teilung, auf welcher der Zeiger der unbelasteten Wage einsteht (die meist nicht mit der Mitte zusammenfällt), durch eine sog. Schwingungsbeobachtung. Man versetzt zu dem Zweck die Wage durch vorsichtiges Lösen ihrer Arretierung in Schwingung[2]), so daß der Zeiger etwa über 5—10 Teilstriche hingeht, und bestimmt, sobald die Schwingungen gleichmäßig geworden sind, die Ausschläge, welche er nach beiden Seiten hin macht. Um für diese Ausschläge positive Werte zu erhalten, zähle man die Teilstriche von einem Ende, nicht von der Mitte der Teilung aus. Man beobachtet die Ausschläge einer ungeraden (!) Zahl aufeinanderfolgender Schwingungen (3 oder 5) und berechnet daraus den Schwingungsmittelpunkt, d. h. die Ruhelage des Zeigers. Bei der

---

[1]) Andere Trockenmittel sind konz. Schwefelsäure, Phosphorpentoxyd, Ätzkali.

[2]) Bei manchen Wagen geschieht dies durch Anblasen der einen Wageschale mittels eines Gummigebläses oder dgl.

danach vorzunehmenden Wägung ist der Reiter so lange zu verschieben, bis die wieder durch Schwingungsbeobachtung ermittelte Ruhelage des Zeigers auf den zuvor bestimmten Nullpunkt fällt. Sollte der Nullpunkt der Wage stark von der Mitte der Teilung abweichen, so benachrichtige man den Assistenten, ohne selbst eine Regulierung zu versuchen.

An den Wagen mit Luftdämpfung klingen die Schwingungen so schnell ab, daß die Ruhelage des Zeigers auf der Teilung unmittelbar abgelesen werden kann.

Bei der Wägung ist folgendes zu beachten:

a) Die zu wägende Substanz wird nie unmittelbar auf die Wageschale gebracht, sondern in einem geeigneten Gefäß abgewogen. Meist empfiehlt es sich, sie in einem langen, dünnwandigen, unten zugeschmolzenen Glasröhrchen (sog. Wägeröhrchen) zu wägen, aus dem Röhrchen dann eine passende Menge in das Gefäß zu schütten, in welchem das Material verarbeitet, gelöst usw. werden soll, und das Röhrchen „zurückzuwägen". Die Differenz beider Wägungen gibt die verwendete Substanzmenge an.

b) Das Auflegen und Abnehmen der abzuwägenden Gegenstände und der Gewichte, das Verschieben des Reiters darf nur bei arretierter Wage und mit einer Pinzette erfolgen. Man arretiere die Wage, wenn der Zeiger sich dem Nullpunkt nähert, um sie nicht unnötig zu erschüttern.

c) Bei der endgültigen Wägung ist der Schutzkasten der Wage zu schließen, damit Störungen durch Luftströmungen ausgeschlossen werden.

d) Man schreibe sich die benutzten Gewichte zunächst nach den Lücken im Kästchen auf und prüfe die Zahl beim Abnehmen der Gewichte von der Wageschale.

e) Wage und Gewichte sind peinlich sauber zu halten; der Reiter ist nach Beendigung einer Wägung vom Wagebalken abzuheben.

f) Erwärmte Gegenstände müssen längere Zeit bei gewöhnlicher Temperatur stehen, ehe man sie wägt; man stellt sie am zweckmäßigsten im Exsikkator neben die Wage, nachdem man sie erst an freier Luft etwas hat abkühlen lassen. Platingefäße dürfen nach $1/_2$ Stunde, Glas- und Porzellanapparate nach einer Stunde gewogen werden. Die fehlerhaften Ergebnisse beim zu frühen Wägen erhitzter Gegenstände sind auf die im Wagekasten entstehenden Luftströmungen, gelegentlich auch auf elektrische Ladungen zurückzuführen.

Eine gute Wage soll gleicharmig und möglichst empfindlich sein. Die Empfindlichkeit ist um so größer, je geringer das Gewicht der schwingenden Teile ist, je näher der Drehungsachse sich der Schwerpunkt befindet und je geringere Reibung die Schneiden des Wagebalkens und der Wageschalen auf ihren Unterlagen haben.

Bei genaueren Wägungen hat man den Einfluß des bei größeren Apparaten recht beträchtlichen Auftriebes, welchen alle Körper in der Luft erfahren (?), durch Reduktion der Wägungen auf den leeren Raum auszuschalten. Die Größe dieses Auftriebes hängt von der Dichte und daher von Druck, Temperatur und Feuchtigkeitsgehalt der Atmosphäre ab. Der Einfluß des Feuchtigkeitsgehaltes ist klein, derjenige des Druckes (Barometerstand) und der Temperatur etwas größer. Es ändert sich beispielsweise der Auftrieb für ein Liter bei einer Barometerschwankung von 10 mm (15°) um etwa 14 mg, bei einer Temperaturänderung von 5° (760 mm) um etwa 20 mg. Ausführliches über diese Fehlerquellen findet man in den ersten Abschnitten von Band 3 des Stählerschen „Handbuches der Arbeitsmethoden in der anorganischen Chemie". Der Inhalt luftgefüllter Apparate muß bei der Wägung mit der Außenluft in Verbindung stehen (warum?).

Die durch Ungleicharmigkeit der Wage verursachten Fehler vermeidet man durch doppelte Wägung (?) oder durch Substitution (?). Für die gewöhnliche Analyse sind diese Maßnahmen entbehrlich.

Fig. 4.
Meßkolben.

Zum Abmessen von Flüssigkeiten dienen sog. Meßgefäße, von denen Meßkolben, Pipetten und Büretten am gebräuchlichsten sind.

Die Meßkolben (Fig. 4) sind Stehkolben mit langem Hals und meist eingeschliffenem Stopfen. Füllt man bei Zimmertemperatur in den Kolben so viel Flüssigkeit, daß der untere Rand des Meniskus gerade die am Kolbenhals angebrachte Marke berührt, so hat die Flüssigkeit das auf dem Kolben angegebene Volum. Wie alle Meßgefäße sollen Meßkolben nicht stark erhitzt werden, weil sich ihr Volum dadurch dauernd verändern kann.

Manche Meßkolben tragen zwei Marken; die obere ist „auf Ausguß" berechnet, d. h. füllt man den Kolben bis zu ihr und gießt den Inhalt aus, so hat die ausgeflossene Menge das angegebene Volum.

Die Pipetten (zum Unterschied von Meßpipetten auch Vollpipetten genannt) (Fig. 5) dienen zur Entnahme einer bestimmten

Flüssigkeitsmenge aus einem größeren Vorrat. Man füllt sie durch Ansaugen bis zu der am oberen Rohr angebrachten Marke, verschließt die obere Öffnung mit dem Finger und entleert sie in ein anderes Gefäß durch Lüften dieser Öffnung. Man wartet noch 15 Sekunden, nachdem die Flüssigkeit ausgelaufen ist, und streicht die Spitze an der Wandung des Gefäßes ab. Die Pipetten sind stets „auf Ausfluß" geeicht.

Die **Büretten** (Fig. 6) sind lange, in $^1/_5$ oder $^1/_{10}$ ccm geteilte Röhren von meist 50 ccm Inhalt, welche unten durch einen Gummischlauch mit Quetschhahn oder einen Schliffhahn zu verschließen sind. Man kann ihnen beliebige Volume von bekannter Größe entnehmen.

Die Eichung der Meßgefäße geschieht jetzt allgemein nach dem wahren Liter, d. h. dem Volum eines Würfels von 10 cm Kantenlänge (Definition des Meters und Kilogramms?). Dieses Volum ist bekanntlich sehr nahe gleich demjenigen eines Kilogramms Wasser von 4° (oder 998,1 g Wasser von 15°). Früher teilte man die Meßgefäße nach dem sog. **Mohr**schen Liter, d. i. dem Volum eines mit Messinggewichten in Luft gewogenen Kilogramms Wasser von 17,5°. Einzelheiten über die Eichung der Meßgefäße folgen später (S. 36).

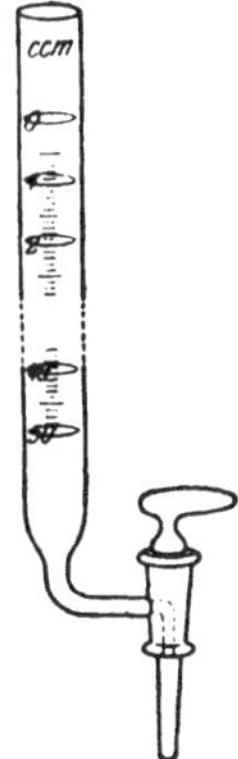

Fig. 5.
Pipette.

Auflösen, Umfüllen. Wie beim qualitativen Analysieren besteht auch beim quantitativen die erste Aufgabe meist darin, die Analysensubstanz in Lösung zu bringen. Dabei findet natürlich nur destilliertes Wasser Anwendung. Alle Reagentienlösungen müssen völlig klar sein oder vor dem Gebrauch filtriert werden.

Das Lösen erfolgt in dem Gefäß, in welchem die Lösung weiter verarbeitet werden soll, also z. B. in einem Becherglas, wenn man etwas durch ein Reagens ausfällen will, in einer Schale, wenn die Lösung zunächst eingedampft werden muß. Entwickelt sich beim Auflösen ein Gas, wie z. B. beim Zersetzen von Karbonaten durch Säuren, so vermeidet man die durch Spritzen eintretenden Verluste, indem man das Gefäß mit einem später abzuspülenden Uhrglas bedeckt.

Fig. 6.
Bürette.

Schwer angreifbare Stoffe werden durch Erhitzen mit geeigneten Lösungsmitteln in zugeschmolzenen Röhren oder durch

Schmelzen mit trockenem Kalium-Natrium-Karbonat u. dgl. „aufgeschlossen".

Hat man Lösungen aus einem Gefäß auszugießen, so fettet man dessen Rand außen leicht ein (es genügt dazu der im Haar gefettete Finger) und läßt die Flüssigkeit an einem Glasstab entlang gegen die Wandung des Filters, Glases usw. laufen. Bei Bechergläsern mit Ausguß leistet hierbei ein passend gebogener, mit zwei dünnen Gummibändern befestigter Glasstab (Fig. 7) gute Dienste. Sollen heiße oder alkoholische Lösungen umgefüllt werden, so unterbleibt das Einfetten.

Beim Eingießen in Gefäße mit enger Öffnung, z. B. in Meßkolben, benutze man immer Trichter.

Fig. 7.
Vorrichtung zum
Ausgießen aus
Bechergläsern.

Eindampfen, Auskochen. Eindampfen von Lösungen und Auskochen von Gasen aus Flüssigkeiten muß mit großer Vorsicht geschehen, wenn dabei Verluste durch Verspritzen vermieden werden sollen.

Will man ein Gas fortkochen, so erhitzt man die Lösung in einem schräggestellten Rundkolben über freier Flamme zu kräftigem Sieden. Rundkolben vertragen unmittelbares Erwärmen mit der Bunsenflamme besser als andere Gefäße, weil das gleichmäßig kugelförmig geblasene Glas selten Spannungen aufweist. Gefäße mit flachem Boden, wie Stehkolben, Bechergläser, Erlenmeyerkolben, neigen eher zum Springen. Man erwärmt sie daher am besten auf Drahtnetzen, Metallplatten u. dgl. oder mit schwach leuchtender Flamme, die Ruß abscheidet und dadurch ebenfalls die Heizwirkung mildert. Bechergläser u. dgl., in welchen man Lösungen auskocht, sind mit Uhrgläsern zu bedecken.

Das Einengen von Lösungen geschieht in der Regel nicht durch wallendes Kochen, sondern durch ruhiges Verdampfen bei Temperaturen unter dem Siedepunkt, am zweckmäßigsten auf dem Wasserbad oder Dampfbad. Dabei gibt die Lösung Dampf an die Atmosphäre ab; die Verdunstung erfolgt um so schneller, mit je mehr Luft die Flüssigkeitsoberfläche in Berührung kommt. Das Eindampfen wird daher fast stets in Schalen vorgenommen. Bestehen die Ringe des Wasserbades nicht aus Porzellan, sondern aus Metall, so umwickelt man sie mit Filtrierpapierstreifen, um eine äußere Beschmutzung der Schalen zu verhindern. Der Schaleninhalt ist gegen das Hereinfallen von Verunreinigungen und Staub zu schützen. Am geeignetsten ist dafür ein in einiger Höhe (rd. 25 cm)

über der Schale befestigter, mit Filtrierpapier überspannter Holz-
spanring (Fig. 8); er hat vor Glastrichtern, Uhrgläsern u. dgl. den
Vorzug, daß sich an ihm keine Feuchtig-
keit niederschlägt, welche herabtropfen
könnte. Ohne Wasserbad läßt sich das
Eindampfen in Schalen vornehmen, wenn
man eine leuchtende, durch den Schornstein gegen Luftzug geschützte Flamme
in genügendem Abstand unter der Schale
anbringt und sie so klein stellt, daß keine
Blasenbildung erfolgt.

Man beachte, daß alle der **Luft** aus-
gesetzten Flüssigkeiten, insbesondere aber
CO_2-haltige, wie sie z. B. durch Ansäuern
alkalischer Lösungen entstehen, beim Erwärmen Gasblasen aufsteigen lassen. Solange dies der Fall ist, sind die Schalen
mit Uhrgläsern zu bedecken, welche später
vorsichtig mit Wasser abgespritzt werden
müssen. Besondere Aufmerksamkeit ist
auch am Platz, wenn der Schaleninhalt vollständig zur Trockene eingedampft werden

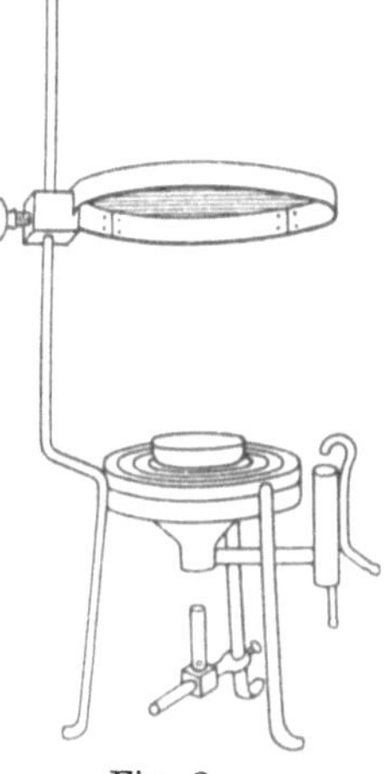

Fig. 8.
Wasserbad mit Schutz-
dach.

soll. Dem „Hochkriechen" des Rückstandes an der Schalen-
wandung beugt man vor, indem man die Schale nur so weit in das
Wasserbad hineinsetzt, daß lediglich ihr Boden
vom Dampf getroffen wird und die kälter bleibenden Wandungen durch sich niederschlagende
Feuchtigkeit dauernd abgespült werden.

In Gefäßen mit enger Öffnung lassen sich
Lösungen auf dem Wasserbad einengen, indem
man, etwa mittels einer Wasserluftpumpe, einen
Luftstrom über die Flüssigkeitsoberfläche saugt.

Beim Verdampfen schwer flüchtiger Stoffe
(z. B. von Schwefelsäure, Ammoniumsalzen)
steigere man die Hitze so allmählich, daß
keine Verluste eintreten. Zum Abrauchen von
Schwefelsäure benutzt man mit Vorteil lang-
gestreckte Platin- oder Quarztiegel (sog. Fingertiegel [siehe Fig. 19, S. 20]), welche man schräg
stellt und vorsichtig vom Rand her erhitzt. Gute

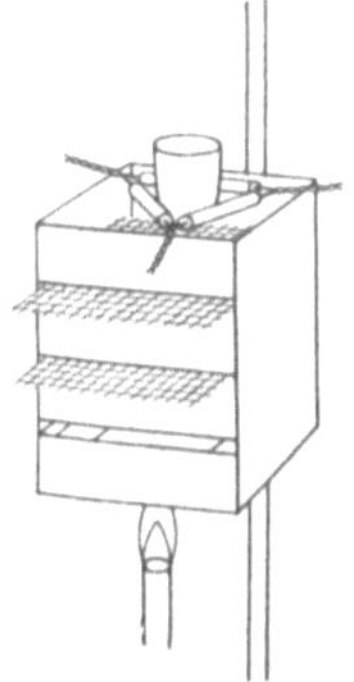

Fig. 9.
Finkenerturm.

Dienste können hierbei gewisse für diesen Zweck konstruierte,
ofenartige Vorrichtungen leisten, z. B. der sog. Finkenerturm
(Fig. 9), ein eiserner Schornstein mit Aussparungen zum Ein-

schieben von einigen Drahtnetzen. Indem man die Zahl der letzteren vermehrt oder vermindert, kann man die Heizwirkung des Brenners regeln.

Das Fällen von Niederschlägen, welche später abfiltriert werden sollen, nimmt man in Gefäßen vor, deren Inneres leicht zugänglich ist, also in Bechergläsern, Erlenmeyerkolben und Philippsbechern (Fig. 10; ihre schrägen Seitenwände erschweren das Ansetzen der Niederschläge) oder in Schalen.

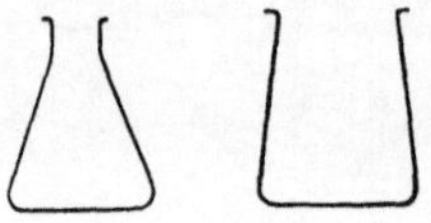

Fig. 10.

Erlenmeyer-kolben.   Philipps-becher.

Beim Ausfällen sind die Vorschriften über die Temperatur, über die Konzentration der zu behandelnden und der Reagens-Lösung, über die Zeit, welche der Niederschlag bis zum Filtrieren stehen soll, usw. aufs genaueste zu befolgen. Hat man weiße Niederschläge in Porzellanschalen zu fällen, so benutzt man zweckmäßig dunkelglasierte Schalen.

Je schneller sich ein Niederschlag absetzt, um so besser kann er durch Dekantieren ausgewaschen werden. Längeres Erwärmen unter der Mutterlauge begünstigt die Bildung größerer Kristalle bei kristallisierenden, das Zusammenballen bei amorphen Niederschlägen. Letzteres erreicht man bei vielen Fällungen auch bei Zimmertemperatur durch kräftiges Rühren. Das spätere Auswaschen sehr schleimiger Substanzen läßt sich erleichtern, wenn man die zu fällende Lösung mit aufgeschlämmtem Filtrierpapier versetzt, wie man es durch kräftiges Schütteln eines kleinen quantitativen Filters mit Wasser in einer Stöpselflasche bis zur Zerfaserung der Papiermasse herstellt[1]). Die vom Niederschlag eingehüllten Zelluloseteilchen verleihen ihm gleichmäßige Porosität.

Sobald sich der Niederschlag abgesetzt hat, überzeuge man sich von der Vollständigkeit der Fällung durch Zugeben einer weiteren Menge des Fällungsreagens.

Soll ein Gas, z. B. H_2S, zur Ausfällung dienen, so benutze man zum Einleiten des Gases ein am Ende zu einer engen Öffnung ausgezogenes Glasrohr, welches man in die Lösung einführt und später aus ihr herauszieht, während es vom Gas durchströmt wird. So vermeidet man, daß sich ein Teil des Niederschlages im Rohrinnern ansetzt.

Man versäume nicht, nötigenfalls die benutzten Reagentien auf ihre Reinheit und, wo es darauf ankommt (z. B. bei Schwefelsäure,

---

[1]) Von Schleicher und Schüll werden hierfür geeignete „Tabletten aus reinem Filtrierpapierstoff" (je 1 g; 0,0002 g Asche) in den Handel gebracht.

Schwefel, Ammoniumsalzen), auf ihre vollständige Flüchtigkeit zu prüfen. Zu solchen Proben verwendet man nicht zu kleine Mengen.

Filtrieren und Auswaschen der Niederschläge. Gefällte Substanzen filtriert man auf Papierfiltern oder in sog. Goochtiegeln ab. Das Auswaschen der Niederschläge ist die schwierigste analytische Operation, die Geduld verlangt und deren nachlässige Ausführung die meisten Analysenfehler verschuldet. Nur wenn alle Teilchen eines Niederschlages wiederholt und längere Zeit mit der Waschflüssigkeit in Berührung kommen, kann die Entfernung der Mutterlauge, der adsorbierten Stoffe, die Zersetzung basischer Salze (bei manchen Hydroxydniederschlägen) gelingen. Das beste, bei schleimigen Niederschlägen allein Erfolg versprechende Verfahren ist das Auswaschen durch Dekantieren. Man läßt den Niederschlag absitzen, gießt die überstehende Mutterlauge durch das Filter, fügt zu dem Niederschlag eine größere Menge Waschflüssigkeit, rührt sie einige Zeit gründlich um und filtriert sie ab, nachdem sie sich wieder geklärt hat. Das Dekantieren wird noch zwei- oder dreimal wiederholt. Hat man es mit einem Niederschlag zu tun, welcher dazu neigt, durch das Filter zu gehen, so ersetzt man das zum Auffangen der Flüssigkeit dienende Gefäß durch ein anderes, um nicht beim Durchlaufen von Substanzteilchen noch einmal die ganze Flüssigkeitsmenge filtrieren zu müssen. Dann bringt man den Niederschlag quantitativ aufs Filter, indem man dessen Hauptmenge mit der Spritzflasche (Fig. 14) aus dem wagerecht gehaltenen Gefäß an einem Glasstab entlang herausspült, fest haftende Reste mit Hilfe einer Federfahne oder einer über einen Glasstab gezogenen sog. Gummifahne (Fig. 11) entfernt. Wenn der Niederschlag später samt dem Filter geglüht werden soll, nimmt man die am Gefäß sitzenden Reste am besten mit aschefreiem Filtrierpapier auf, welches um das Ende eines Glasstabes gewickelt wird und

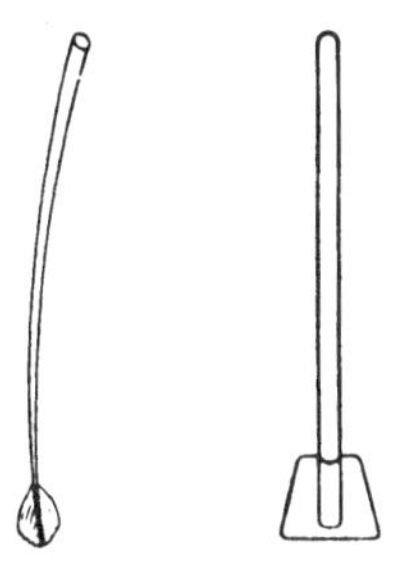

Fig. 11.

Federfahne.   Gummifahne.

durch eine Drahtschlinge oder eine Hülse aus Glasrohr festgehalten werden kann. Das Papier mit den Resten des Niederschlages gibt man zur Hauptmenge im Filter.

Man benutzt beim quantitativen Analysieren sog. aschefreie (mit HCl und HF ausgewaschene) feinporige Filter von 7 und 9 cm, seltener von 11 cm Durchmesser[1]). Im Handel befinden sich Fil-

---

[1]) Hier stelle man sich, um nicht verschiedene Sorten Filter vorrätig halten zu müssen, die kleineren durch Beschneiden der größeren her.

trierpapiere verschiedener Dichtigkeit[1]). Es gibt auch schwarze
Filter, die sich für das Abfiltrieren heller, später auf dem Filter zu
lösender Niederschläge eignen. Das Filter, dessen Größe nach der
Menge des Niederschlages, nicht der Flüssigkeit zu be-
messen ist, darf nur etwa zur Hälfte vom Niederschlag angefüllt

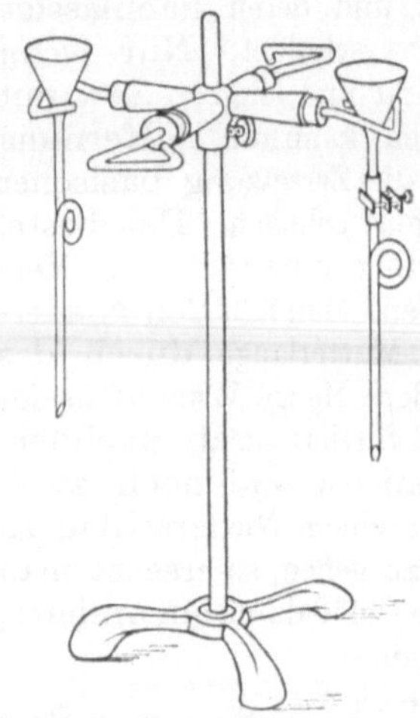

Fig. 12.
Filtriergestell mit Trichtern.

werden. Das zweimal gefaltete, recht-
winklige Filter soll in der Regel dem
Trichter vollständig anliegen und etwa
1 cm vom Trichterrand entfernt bleiben[2]).
Gute Trichter erleichtern das Auswaschen der Niederschläge außerordentlich. Sie müssen gleichmäßig konisch
mit einem Winkel von genau 60° gestaltet sein. Ihr Fallrohr sei nur etwa
3 mm weit, damit es sich leicht mit einer
Flüssigkeitssäule füllt, die saugend wirkt
und die Filtriergeschwindigkeit erhöht.
Fig. 12 zeigt zwei Trichter in einem
zweckmäßigen Filtriergestell[3]). Die
Schleife des Rohres bewirkt, daß sich
dieses leichter mit Flüssigkeit füllt. Bei
dem einen Trichter ist das Fallrohr in
zwei durch ein Stückchen Kapillarschlauch mit Klemmschraube verbundene
Teile zerschnitten. Diese Anordnung ist
von Vorteil, wenn das Filter mit dem Niederschlag getrocknet
oder wenn der Niederschlag auf dem Filter noch einmal aufgelöst
werden soll. Einige im unteren Drittel des Trichters auf das Rohr
zulaufende feine Rillen erhöhen die Filtriergeschwindigkeit. Sie
lassen sich durch Ätzen mit Flußsäure leicht anbringen.

Wenn es die Löslichkeitsverhältnisse des Niederschlages ge-

[1]) Höchst feinporig sind die Zsigmondyschen Membran-Kollodium-
filter (De Haën, Seelze bei Hannover). Für die gewöhnliche quantitative
Analyse ist ihre Anwendung noch etwas zu umständlich.

[2]) Geübte Analytiker falten wohl auch das Filter nicht rechtwinklig,
sondern ein wenig stumpfwinklig. Es berührt dann nur mit seinem Rand-
teil den Trichter und schwebt im übrigen in diesem frei. Dadurch läuft die
Flüssigkeit etwas schneller durch das Filter und durchdringt den auszu-
waschenden Niederschlag gleichmäßiger. Es wird auch empfohlen, die wirk-
same Filterfläche zu vergrößern, indem man die Tasche, welche sich am Filter
dort bildet, wo die drei Schichten Papier übereinander liegen, in den Innen-
raum des Filters hineinbiegt.

[3]) Das verschiebbare Kreuz des Filtriergestelles trägt in Korken vier
zur Aufnahme der Trichter dienende, nicht ganz geschlossene Dreiecke aus
Glasstab.

statten, verwendet man zum Auswaschen heißes Wasser; es wäscht wegen seiner bedeutenderen Lösungsfähigkeit gründlicher aus und läuft wegen seiner größeren Beweglichkeit schneller durchs Filter als kaltes. Um seine Abkühlung im Trichter zu verhindern, kann man diesen mit 4—5 mm starkem Bleirohr (Fig. 13) umgeben, durch welches man in einem Rundkolben mit Sicherheitsrohr entwickelten Wasserdampf strömen läßt.

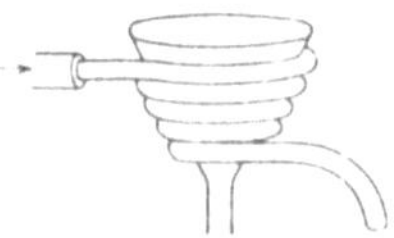

Fig. 13.
Dampftrichter.

Das vollständige Auswaschen des Niederschlages geschieht auf dem Filter. Man gibt neue Waschflüssigkeit erst auf, sobald die alte abgelaufen ist. Nur bei schleimigen Substanzen, welche leicht Risse bekommen, warte man nicht so lange (?). Man vergesse nicht, daß nicht nur der Niederschlag, sondern auch das Filter auszuwaschen ist. Am besten läßt man das Waschwasser tropfenweise auf den Filterrand fließen, dessen mehrfach liegende Teile auch stärker bedenkend. Eine Spritzflasche von der in Fig. 14 wiedergegebenen Form leistet dabei gute Dienste; ihr langes Ablaufrohr ist, sobald sie schräg gehalten wird, als Heber zu benutzen und macht das fortgesetzte Blasen entbehrlich. Wenn man es am vorderen Ende in der Bunsenflamme bis auf eine $^1/_2$ mm weite Öffnung zusammenfallen läßt, so tropft das in ihm zurückbleibende Wasser nach dem Gebrauch der Spritzflasche nicht ab, wie es bei einem zur Spitze ausgezogenen Rohr der Fall ist. Ehe man mit dem Auswaschen aufhört, prüft man auf die Vollständigkeit des Auswaschens durch ein geeignetes Reagens oder durch Eindampfen einiger Kubikzentimeter der Waschflüssigkeit.

Manche Niederschläge neigen zur Bildung kolloider Lösungen. Durch Zusatz von Elektrolyten, z. B. Säuren, können sie wieder „ausgeflockt" werden. Es ist eine häufige Erscheinung, daß solche Stoffe, sobald die schützende elektrolythaltige Mutterlauge durch Auswaschen entfernt ist, als kolloide Lösung durchs Filter fließen, um im elektrolythaltigen Filtrat wieder auszufallen. Der weniger sorgfältige Beobachter meint dann, „der Niederschlag sei durchs Filter gegangen". Versetzen des Waschwassers mit geeigneten,

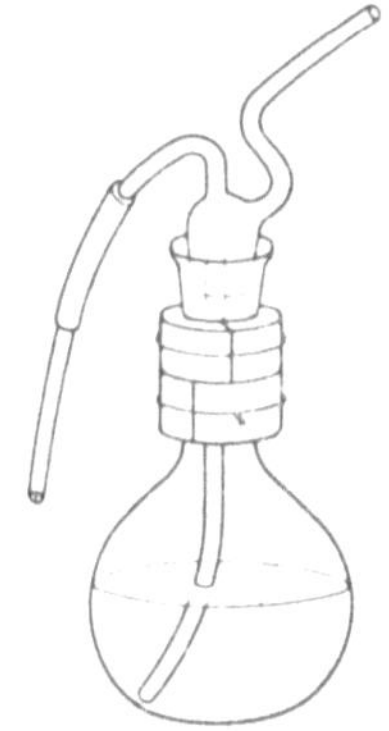

Fig. 14.
Spritzflasche.

später durch Trocknen oder Glühen zu beseitigenden Elektrolyten verhindert die Erscheinung.

Soll ein Niederschlag vor der Wägung bei Temperaturen getrocknet werden, welche zur Zerstörung der Filtersubstanz nicht ausreichen, oder würde er beim Verbrennen des Filters durch Reduktion dauernd verändert werden, so sammelt und wäscht man ihn in einem Goochtiegel.

Der Goochtiegel (Fig. 15) ist ein Tiegel aus Porzellan oder Platin mit siebartig durchlöchertem Boden. Als Filtriermaterial dient eine auf diesem Sieb erzeugte dünne Asbestschicht. Asbestfasern, wie man sie durch Schaben der in der Natur vorkommenden groben Strähnen des Kalzium-Magnesium-Silikates mit einem Messer erhält, werden mit heißer Salzsäure und Wasser ausgewaschen, wobei man gleichzeitig den Asbeststaub fortschlämmt. Der zurück-

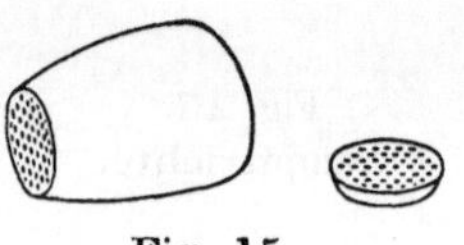

Fig. 15.
Goochtiegel.

bleibende Asbest soll neben gröberen, bis zu 5 mm langen, auch noch feinere, ungefähr 1 mm lange Fasern enthalten. Ein der-artig vorbereiteter Asbest ist auch im Handel zu haben. Man schlämmt ihn in so viel Wasser auf, daß er einen dünnen Brei bildet, und hebt ihn in einer weithalsigen Stöpselflasche auf.

Zum Gebrauch des Goochtiegels bedarf es einer Saugvorrichtung (Wasserstrahlluftpumpe, Vakuumleitung oder dgl.). Auf einer 750 ccm-Saugflasche befestigt man (die Einzelheiten sind aus Fig. 16 zu ersehen) mit einem Gummi-stopfen einen sog. Vorstoß; über dessen Öffnung zieht man ein kurzes Stück weiten, dünnwandigen Schlauch und stülpt es zur Hälfte nach innen ein. Der Vorstoß ist so weit zu wählen, daß der Goochtiegel beim Ansaugen zu $^1/_3$ bis $^1/_2$ darin sitzt. In den zum Vakuum führenden Schlauch schaltet man ein T-Stück mit einem Hahn oder einem durch eine Klemmschraube verschließ-baren Schlauchstück ein, um die Saug-

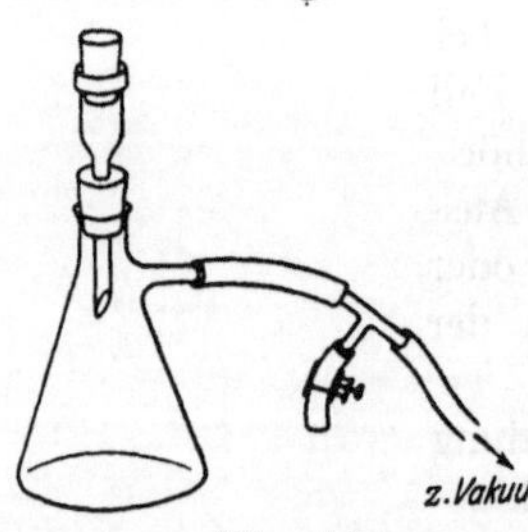

Fig. 16.
Saugflasche mit Goochtiegel.

wirkung nach Bedarf regeln und ganz unterbrechen zu können. Sehr empfehlenswert ist die Benutzung eines Manometers.

Man gießt nun, ohne zu saugen, so viel aufgeschlämmten Asbest in den Tiegel, daß eine etwa $^1/_2$ mm starke Schicht entsteht. Die Löcher im Tiegelboden müssen durch die Asbestschicht eben noch hindurchscheinen, wenn man den Tiegel gegen das Licht hält. Nach dem Abtropfen des Wassers saugt man die Asbestschicht allmählich fest und stampft sie sorgfältig mit dem glatten Ende eines

Glasstabes, bis sie ein einheitlicher Filz geworden ist. Dann legt man auf den Asbest die zum Goochtiegel gehörende kleine Siebplatte und wäscht ihn unter Saugen mit viel Wasser gründlich aus, um alle lose sitzenden Fasern fortzuschwemmen. Der Tiegel wird außen sorgfältig gesäubert und unter denselben Bedingungen zur Gewichtskonstanz gebracht, unter denen er später mit dem Niederschlag behandelt werden soll. Zum Ausglühen hängt man den Goochtiegel in einen etwas größeren Nickeltiegel, in dessen Öffnung man einen dem Durchmesser des Goochtiegels entsprechenden Asbestring[1]) befestigt hat. Das Trocknen bei mäßiger Wärme läßt sich mitunter durch vorheriges Auswaschen mit reinem Alkohol beschleunigen.

Wenn man dann den Niederschlag in den Tiegel bringt, saugt man zunächst gar nicht, bis die Poren der Filtrierschicht verstopft sind, und später nur schwach, damit der Niederschlag so locker bleibt, daß er gut ausgewaschen werden kann. Auch nach dem Aufgeben neuer Waschflüssigkeit unterbricht man das Saugen, so daß die Flüssigkeit Zeit hat, den Niederschlag zu durchdringen. Das Wiedereinlassen von Luft in die Saugflasche geschehe immer mit Vorsicht, damit die Asbestschicht nicht vom Tiegelboden abgehoben wird.

Hat man mehrere gleichartige Bestimmungen hintereinander zu machen, so kann man meist die neuen Niederschläge zu den alten, gewogenen filtrieren, ohne den Goochtiegel jedesmal zu reinigen.

Man achte auf die Klarheit des Filtrates, welches frei von durchgegangenen Asbestfasern sein muß. Anderenfalls ist es noch einmal durch denselben Tiegel zu filtrieren. Die Saugflasche ist natürlich vor dem Gebrauch aufs sorgfältigste zu säubern.

Sehr bequem sind die sog. Neubauer-Tiegel. Sie bestehen aus Platin und tragen auf dem Siebboden eine dauernd zu benutzende poröse Filtrierschicht aus Platinmohr[2]). Diese ersetzt den Asbest der gewöhnlichen Goochtiegel, muß aber mit Vorsicht behandelt werden, wenn sie wirksam bleiben soll[3]).

---

[1]) Diesen Asbestring stellt man sich aus angefeuchteter Asbestpappe her; man legt sie um den Goochtiegel herum und drückt letzteren mit dem Ring so weit in den Schutztiegel hinein, daß zwischen den beiden Tiegelböden ein Abstand von einigen Millimetern bleibt. In dieser Anordnung wird das Ganze zunächst bei etwa 100° getrocknet. Dann entfernt man den Goochtiegel und glüht den Schutztiegel mit dem Asbestring vor dem ersten Gebrauch stark aus.

[2]) Ein sehr ähnlicher Platinfiltriertiegel ist bereits früher von Munroe beschrieben worden (vgl. Snelling, Journ. of the Amer. Chem. Soc. **31**, 456 [1909]).

[3]) Hinsichtlich der Reinigung der Platin-Filtrierschicht vgl. O. D. Swett, Journ. of the Americ. Chem. Soc. **31**, 928 [1909] oder Chemisches Zentralblatt 1909 II, 1691.

Trocknen und Glühen der Niederschläge. Die bei der Analyse erhaltenen abfiltrierten Niederschläge usw. sind stets bis zu konstantem Gewicht zu trocknen oder zu glühen. Das Gefäß, in welchem dies geschieht, muß vor der Leerwägung auf dieselbe Temperatur erhitzt werden. Auch hierbei ist, z. B. bei Goochtiegeln mit Asbestschicht, die Gewichtskonstanz zu prüfen.

Die Temperatur, auf welche erwärmt werden muß, ist bei den einzelnen Stoffen sehr verschieden. Zum Erhitzen auf etwa 100° dient der Dampftrockenschrank; der Mantelraum zwischen seinen doppelten Wänden wird von (häufig überhitztem) Wasserdampf durchströmt. Weniger gleichmäßig ist die Wärme im sog. Lufttrockenschrank, einem vorn mit einer Tür, oben mit einigen Öffnungen versehenen Kasten aus Aluminium- oder Kupferblech, der durch einen darunterstehenden Brenner auf die gewünschte Temperatur gebracht wird[1]). Die zu trocknende Substanz stellt man auf einen im Kasten befindlichen Metall- oder Porzellaneinsatz, niemals unmittelbar auf den Boden des Schrankes. Die Temperatur zeigt ein von oben in den Kasten eingeführtes Thermometer an, dessen Kugel sich neben dem betreffenden Gegenstand

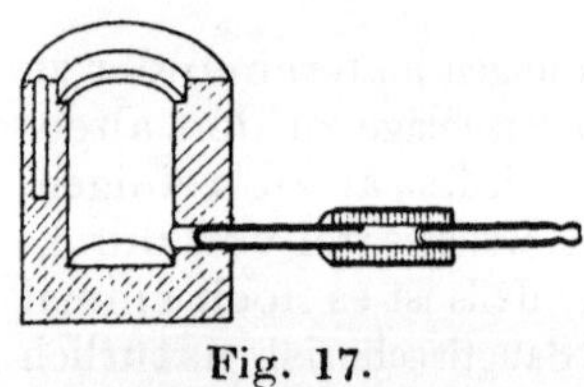

Fig. 17.
Aluminiumheizblock.

befinden muß. Bei dieser Gelegenheit sei darauf aufmerksam gemacht, daß nasse Gefäße, welche im Trockenschrank von Feuchtigkeit befreit werden sollen, mit der Mündung nach oben aufzustellen sind, da feuchte Luft leichter ist als trockene.

Gleichmäßige höhere Temperaturen erreicht man im Aluminiumheizblock (Fig. 17 zeigt ihn durchschnitten), einem zylindrischen Aluminiumklotz von 8,5 cm Durchmesser und 9 cm Höhe mit einer großen, 5 cm weiten, 7 cm tiefen, zur Aufnahme der Tiegel usw. bestimmten Ausbohrung und zwei kleineren Löchern. In eines von diesen, welches die Wand durchsetzt, ist ein zur Verringerung der Wärmeleitung durch ein Stück Vulkanfiber unterbrochenes Kupferrohr eingeschraubt, das zum Einleiten von CO_2 od. dgl. dient, wenn das Trocknen einer Substanz bei Luftausschluß erfolgen muß; in das zweite kommt das Thermometer. Die obere Öffnung des Blockes, dessen Befestigung an einem Stativ mittels einer in der Zeichnung nicht sichtbaren Eisenstange erfolgt, wird mit zwei Uhrgläsern bedeckt. Zum Heizen dient eine Bunsenflamme, welche die große Aluminiummasse durch und durch gleichmäßig

---

[1]) Gleichmäßigere Temperaturen erzielt man in elektrisch geheizten Luftbädern.

erwärmt. Die Abkühlung läßt sich mit einem feuchten Tuch oder durch Eintauchen in Wasser beschleunigen.

Die meistbenutzte Wärmequelle ist die entleuchtete Gasflamme. Höhere Temperaturen als mit dem einfachen Bunsenbrenner erzielt man mit dem Teclu- oder Allihnbrenner, dem ausgezeichneten, nur etwas kostspieligen Mekerbrenner und dem Gebläse. In ihnen wird dem Leuchtgas besonders viel Luft beigemischt; das „Zurückschlagen" der Flamme ist bei dem Mekerbrenner durch ein dem Brennerrohr aufgesetztes Metallsieb, beim Allihnbrenner durch ein Drahtnetz erschwert. Beim Erhitzen von Platingegenständen beachte man das Seite 4 Gesagte. In die Flamme des Mekerbrenners dürfen die Tiegel bis dicht an die Brenneröffnung, nämlich bis an die Spitzen der über dem Sieb sichtbaren hellblau leuchtenden Kegelchen, hineingesenkt werden. Porzellangefäße sind sehr vorsichtig, zunächst mit kleiner oder leuchtender Flamme, anzuheizen. Die Flamme des Bunsenbrenners schütze man durch den zum Brenner gehörenden Schornstein vor Luftzug.

Tiegel und Schalen, welche geglüht werden sollen, stellt man auf Ton- oder Quarzdreiecke. Diese legt man auf Ringe, deren Höhe durch Verschieben am Stativ geregelt werden kann. Die gewöhnlichen Dreifüße sind für diesen Zweck meist zu niedrig. Die Glut des erhitzten Gegenstandes bietet einen sicheren Maßstab für die Temperatur (dunkle Rotglut = etwa 700°, helle Rotglut = 900—1000°). In einem offenen Tiegel nehmen nur die der Wand anliegenden Substanzteile annähernd die Tiegeltemperatur an; der Rest bleibt wegen des durch Strahlung verursachten Wärmeverlustes erheblich kälter. Um alles gleichmäßig zu erhitzen, verschließt man den Tiegel mit dem Deckel, den man zeitweise abnimmt, wenn der Tiegelinhalt reichlich mit Luft in Berührung kommen soll. Will man reduzierende Flammengase möglichst ausschließen, so legt man den Tiegel schräg auf das Dreieck und richtet die Flamme nur gegen den Tiegelboden. Man denke daran, daß glühendes Platin für manche reduzierenden Gase, besonders Wasserstoff, durchlässig ist. Durch Anwendung kleiner Essen aus Ton oder Quarz läßt sich der Strahlungs-Wärmeverlust verringern und die Heizwirkung der Brenner erhöhen.

Soll ein Filter mit Niederschlag, getrocknet oder noch feucht, verascht werden, so faltet man es, nachdem es mit der Pinzette aus dem Trichter genommen ist, zusammen und bringt es in einen Tiegel, den man wieder schief stellt, aber vom Rand her allmählich erhitzt. Das Filter trocknet, verkohlt und verbrennt schließlich vollständig. Die Wärme wird dabei recht langsam gesteigert, damit die massenhaft entweichenden Gase nichts von der

Analysensubstanz mitreißen. Bei größeren Niederschlagsmengen empfiehlt es sich, den Niederschlag auf dem Filter zu trocknen, von diesem zu entfernen, auf Glanzpapier aufzuheben und erst nach dem Veraschen des Filters unter Zuhilfenahme eines Pinsels in den Tiegel zu geben. Sieht man beim Herausnehmen des zu veraschenden Filters aus dem Trichter, daß am letzteren Niederschlagsteilchen haften, so wischt man sie mit angefeuchtetem, aschefreiem Filtrierpapier ab, welches man dann mit dem Filter zusammen verbrennt.

Die bei manchen Analysen sehr störende Reduktionswirkung der Flammengase ist dadurch zu vermindern, daß man den Tiegel in einer durchlochten, etwas schräg stehenden Asbestscheibe befestigt. Ganz vermieden wird sie beim Gebrauch elektrischer Tiegelöfen, die durch einen elektrisch erhitzten, in Schamotte u. dgl. gebetteten Metalldraht geheizt werden.

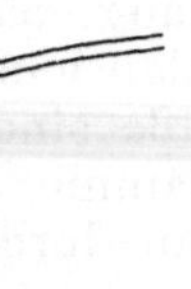

Fig. 18.
Rosetiegel.

Der sog. Rosetiegel (Fig. 18) gestattet das Erhitzen einer Substanz in einem beliebigen Gas. Er besteht aus unglasiertem Porzellan. Sein Deckel trägt eine Öffnung, in welche ein zum Einleiten des Gases (meist Wasserstoff) dienendes Porzellanrohr eingeführt wird. Das verwendete Gas muß gut getrocknet werden; geschieht dies durch Schwefelsäure, so schaltet man hinter der Waschflasche in die Schlauchleitung ein Röhrchen mit trockener Glaswolle ein, um die mitgerissenen Schwefelsäuretröpfchen zurückzuhalten. Arbeitet man mit Wasserstoff, so entzündet sich das am Deckel entweichende Gas beim Glühen des Tiegels. Man versäume nicht, die Flamme auszublasen, wenn der Tiegelinhalt nach Beendigung des Erhitzens im Wasserstoffstrom erkalten soll.

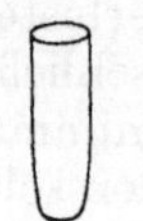

Fig. 19.
Fingertiegel.

Beim Eindampfen von Substanzen, welche leicht verspritzen oder Gase entwickeln, vermeidet man Verluste durch Benutzen sog. Fingertiegel, d. s. besonders hohe Tiegel (Fig. 19), welche man beim Gebrauch, solange die erwähnten Erscheinungen andauern, fast wagerecht stellt, so daß fortgeschleuderte Teilchen von den Tiegelwandungen abgefangen werden.

Berechnen der Analysenresultate. Alle bei einer Analyse benutzten Zahlen, Tiegelgewichte usw. und Berechnungen sind — und zwar die Gewichte sofort an der Wage — in Hefte einzutragen, so daß sie später nachgeprüft werden können.

Die durch die quantitative Bestimmung ermittelte Menge eines Bestandteiles wird meist in Gewichtsprozenten der analysierten Substanz angegeben.

Beispiel: Aus a Gramm eines Chlorides seien bei der Analyse b Gramm Silberchlorid erhalten worden. b Gramm AgCl entsprechen $b \cdot \frac{[Cl]}{[AgCl]}$ Gramm Chlor, wenn die in Klammern gesetzten Symbole und Formeln hier wie im folgenden die Werte der Atom- und Molekulargewichte bezeichnen.

Zur Berechnung des Prozentgehaltes an Chlor, x, dient die Gleichung

$$\frac{x}{100} = \frac{b \cdot [Cl]}{a \cdot [AgCl]},$$

woraus

$$x = \%\,Cl = \frac{100\,b}{a} \cdot \frac{[Cl]}{[AgCl]}$$

folgt.

Der Quotient $\frac{[Cl]}{[AgCl]}$ ist bei jeder durch Wägung von AgCl erfolgenden Chlorbestimmung zu benutzen. Entsprechende „Faktoren" gelten für andere Analysen. Man findet sie ausgerechnet z. B. in den „Logarithmischen Rechentafeln für Chemiker usw." von Küster-Thiel, welche neben zahlreichen, dem Analytiker nützlichen Angaben und Tabellen auch eine fünfstellige Logarithmentafel enthalten und im Besitz jedes Analytikers sein sollten.

Alle komplizierteren analytischen Rechnungen sind mit Hilfe von Logarithmen durchzuführen, wofür sich in den genannten Rechentafeln beachtenswerte Vorschriften finden, auf welche hier verwiesen sei. Zur schnellen Überschlagsrechnung und zum Nachprüfen der auf andere Weise berechneten Zahlen empfiehlt sich die Benutzung eines Rechenschiebers[1]).

Die Bestandteile einfacher Salze u. dgl. gibt man im Resultat in Ionenform an; ein Wassergehalt wird gesondert angeführt; z. B. Cu, SO_4, H_2O beim Kupfervitriol. Bei komplizierteren, sauerstoffhaltigen Verbindungen, etwa den Polysilikaten, empfiehlt es sich oft, Metalloxyd, Säureanhydrid (also z. B. CaO, SiO_2) und Wasser zu berechnen.

Das Resultat soll mit so viel Ziffern angeführt werden, daß die letzte Stelle unsicher ist, d. h. bei gewöhnlichen quantitativen Analysen mit einer, höchstens zwei Stellen hinter dem Komma. Man überlege bei den einzelnen Bestimmungen, welchen Einfluß

---

[1]) Es gibt besonders für chemische Berechnungen eingerichtete Rechenschieber.

die stets möglichen Wägefehler von einigen Zehnteln Milligramm
auf die Berechnung der Prozentzahlen ausüben[1]).

Man vergesse die notwendige Umrechnung nicht, wenn man
für die Analyse nur einen Teil der ganzen vorhandenen Substanz
oder Lösung verwendete.

Als endgültiges Resultat betrachte man das Mittel aus den
Zahlen der beiden gleichzeitig ohne erkennbaren Fehler ausgeführten
Analysen. Zeigen diese größere Abweichungen voneinander, so ist
die Bestimmung noch einmal zu wiederholen.

Eine etwas umständlichere Rechnung erfordert **die indirekte
Analyse,** deren Wesen an einem Beispiel erläutert werden soll. Eine
zu analysierende Substanz bestehe aus einem Gemisch von Kaliumchlorid und Natriumchlorid. Man kann die Mengen beider Stoffe
ermitteln, ohne die ziemlich schwierige Trennung vornehmen zu
müssen. Man bestimmt z. B. zunächst die Summe der Chloride,
führt dann das gesamte Chlor in Silberchlorid über und wägt dieses.
Offenbar läßt sich aus den so erhaltenen Zahlen das Verhältnis
des Natriums zum Kalium in der ursprünglichen Substanz berechnen. Denn ein gewisses Gewicht Natriumchlorid gibt eine
andere, größere Menge Silberchlorid als das gleiche Gewicht Kaliumchlorid. Jeder Mischung entspricht eine bestimmte Menge Silberchlorid. Rechnerisch stellen sich die Verhältnisse so dar, daß die
Versuchszahlen zwei leicht aufzulösende unabhängige Gleichungen
mit zwei Unbekannten liefern.

Das zunächst unbekannte Gewicht des Natriumchlorids in dem
Gemenge sei mit x, dasjenige des Kaliumchlorids mit y bezeichnet;
$AgCl_x$ und $AgCl_y$ bedeuten die Gewichtsmengen Silberchlorid,
welche aus x und y entstehen.

Man kennt aus dem Versuch die Summen

$$x + y = a \qquad\qquad 1)$$

$$\text{und } AgCl + AgCl = b. \qquad\qquad 2)$$

Zwischen x und $AgCl_x$, sowie y und $AgCl_y$ gelten die Beziehungen

$$AgCl_x = x \frac{[AgCl]}{[NaCl]} \qquad\qquad 3)$$

$$\text{und } AgCl_y = y \frac{[AgCl]}{[KCl]}, \qquad\qquad 4)$$

wo die eingeklammerten Formeln wieder die betreffenden Molekulargewichte ausdrücken.

---

[1]) Bei den meisten analytischen Bestimmungen treten die Wägefehler
hinter den durch die Mängel der Verfahren bedingten Fehlern zurück.

Nach Einsetzen von 3) und 4) nimmt Gleichung 2) folgende Form an:

$$x\,\frac{[AgCl]}{[NaCl]} + y\,\frac{[AgCl]}{[KCl]} = b\,. \tag{5}$$

Nach 1) ist

$$y = a - x \tag{6}$$

und daher, wie die Kombination von 5) und 6) ergibt,

$$x\,\frac{[AgCl]}{[NaCl]} + a\,\frac{[AgCl]}{[KCl]} - x\,\frac{[AgCl]}{[KCl]} = b\,;$$

also ist

$$x = \frac{b - a\,\dfrac{[AgCl]}{[KCl]}}{\dfrac{[AgCl]}{[NaCl]} - \dfrac{[AgCl]}{[KCl]}}$$

und somit zu berechnen.

Der Wert von y folgt aus Gleichung 6).

Durch Benutzung von „Faktoren" läßt sich auch diese Rechnung vereinfachen (vgl. die Rechentafeln).

Es gibt noch viele andere gelegentlich mit Vorteil anzuwendende indirekte gewichtsanalytische Verfahren, die stets darauf beruhen, daß ein Substanzgemisch einer chemischen Umwandlung unterworfen wird, bei welcher die Bestandteile verschiedene Gewichtsänderungen erleiden. Offenbar ist das Verfahren um so genauer, je größer die Verschiedenheit der Gewichtsänderung für die einzelnen Bestandteile ist.

Auch bei der Maßanalyse und physikalischen Analyse sind indirekte Verfahren möglich.

Die indirekte Analyse führt nur bei reinen Stoffen und bei sehr sorgfältigem Arbeiten zu guten Ergebnissen, da die Rechnung durch kleine Abweichungen in den Versuchszahlen meist außerordentlich stark beeinflußt wird.

Literatur über anorganisch-quantitative Analyse. Wie bereits betont wurde, kommt es bei der quantitativen Analyse besonders auf genaueste Befolgung der bewährten Vorschriften an. Der Analytiker muß deshalb mit der Literatur vertraut sein, die ihm von Nutzen sein kann. Die folgende Zusammenstellung verbreiteter Werke über quantitative Analyse macht keinen Anspruch auf Vollständigkeit.

A. Lehrbücher allgemeinen Inhaltes und über Gewichtsanalyse.

Dem Studierenden sei Treadwell „Quantitative Analyse" empfohlen, ein Buch, welches bei kleinem Umfang die wichtigsten,

erprobten Verfahren bringt. Größere Werke sind Classen - Cloe-
ren „Ausgewählte Methoden der analytischen Chemie" und De
Koninck - Meinecke „Lehrbuch der qualitativen und quantitativen chemischen Analyse". Ferner mögen hier die kleineren
Lehrbücher der quantitativen Analyse von Ahrens, Autenrieth,
v. Buchka, Dittrich, Friedheim, Gutbier - Birckenbach,
Jannasch, Medicus, v. Miller - Kiliani, Wölbling genannt
werden, von größeren Werken Fresenius „Anleitung zur quantitativen chemischen Analyse", die viele, zum Teil aber bereits
veraltete Verfahren enthält, Böckmann - Lunge „Chemisch-
technische Untersuchungsmethoden" und Post „Chemisch-tech-
nische Analyse", zwei dem technischen Analytiker besonders wertvolle Bücher, sowie die umfangreichen Handbücher von Friedheim - Peters und Rüdisüle und schließlich Margosches „Die
chemische Analyse", ein im Erscheinen begriffenes, ganz groß an-
gelegtes Sammelwerk, welches den einzelnen Elementen usw. um-
fangreiche Monographien widmet. Die quantitative Analyse sehr
kleiner Substanzmengen behandelt Donau „Arbeitsmethoden der
Mikrochemie". Den physikalisch-chemischen Gesichtspunkten widmen besondere Aufmerksamkeit: Wilhelm Ostwald „Wissen-
schaftliche Grundlagen der analytischen Chemie" und Herz
„Physikalische Chemie als Grundlage der analytischen Chemie".

   B. Bücher über Einzelgebiete der quantitativen Analyse.

     a) Elektrolyse:

       Classen-Cloeren „Quantitative Analyse durch Elek-
         trolyse",
       Fischer „Elektroanalytische Schnellmethoden",
       Smith-Stähler „Quantitative Elektroanalyse".

     b) Maßanalyse:

       Beckurts „Methoden der Maßanalyse",
       Classen „Theorie und Praxis der Maßanalyse",
       Crato „Maßanalyse",
       Gutbier „Praktische Anleitung zur Maßanalyse",
       Kühling „Lehrbuch der Maßanalyse",
       Medicus „Kurze Anleitung zur Maßanalyse",
       Mohr „Lehrbuch der chemisch-analytischen Titrier-
         methode",
       Weinland „Anleitung für das Praktikum in der Maß-
         analyse",
       Winkler-Brunck „Praktische Übungen in der Maß-
         analyse".

c) Gasanalyse:

Franzen „Gasanalytische Übungen“,
Hempel „Gasanalytische Methoden“,
Neumann „Gasanalyse und Gasvolumetrie“,
Winkler „Lehrbuch der technischen Gasanalyse“

Hier seien auch erwähnt das klassische Buch Bunsens „Gasometrische Methoden“ sowie die Werke von Travers-Estreicher „Experimentelle Untersuchung von Gasen“ und Berthelot „Traité pratique de l'analyse des gaz“, in denen viele wertvolle Vorschriften über das Arbeiten mit Gasen zu finden sind.

d) Physikalische Analyse:

Krüss „Spezielle Methoden der Analyse“.

C. Originalveröffentlichungen analytischen Inhaltes finden sich überwiegend in der „Zeitschrift für analytische Chemie“, zum kleineren Teil auch in anderen chemischen Zeitschriften.

Spezieller Teil.

Zusammenstellung der für die Ausführung der Aufgaben notwendigen Geräte[1]) usw., soweit sie nicht zum allgemeinen Gebrauch vorhanden sind (s. Anhang).

Asbest, ausgewaschen, für Goochtiegel, etwa 5 g.
Asbestpappe, 10 × 15 cm.
Bechergläser, Jenaer Glas[2]), 20, 1000 ccm; je zwei zu 200, 300, 500 ccm.
Bleirohr, etwa 5 mm stark und 150 cm lang, für den Dampftrichter (Fig. 13).
Büretten, 50 ccm, 2 Stück.
Drahtnetz, 15 × 15 cm.
Dreiecke, Nickeldraht mit Quarzröhren, 4 und 5 cm Seitenlänge.
Erlenmeyerkolben, Jenaer Glas[2]), je 2 Stück zu 200, 300, 500, 750 ccm.
Exsikkator mit Porzellaneinsatz, etwa 15 cm lichter Durchmesser.
Faltenfilter, 11 cm Durchmesser, 5 Stück.
Filter, aschelos (vgl. S. 13), 11 cm Durchmesser, 100 Stück.
Filterplatte, Porzellan, 15 mm Durchmesser.
Filtriergestell (Fig. 12).
Filtrierpapier, gewöhnliches.
Gewichtssatz, gewöhnlicher.
Gewichtssatz, quantitativ, bis 50 g.
Glanzpapier, schwarz und gelb.
Glasröhren und -stäbe, verschied., 3—7 mm stark.
Glasrohr, 15 mm weit, 50 cm lang (Aufg. 46).
Goochtiegel mit Vorstoß, weitem Schlauch (Fig. 16) und Nickelschutztiegel
(s. S. 16).
Gummifahne (Fig. 11).
Gummischlauch, verschied.
Gummistopfen, „
Hefte für die Analysenprotokolle und -berechnungen.
Meßkolben, 250, 500, 1000 ccm; 2 Stück zu 100 ccm.
„ nach Wislicenus, 1000/1100 ccm (Fig. 21).
Meßzylinder, 50, 200 ccm.
Pinsel aus Marderhaar, nicht haarend.
Pinzette.
Pipetten, 10, 25, 100 ccm.
Rechentafeln, logarithmische, von Küster-Thiel.
Reibschale mit Pistill, Porzellan, 10 cm Durchmesser.

---

[1]) Die üblichen Platzeinrichtungs-Gegenstände, wie Stative, Brenner u. dgl., sind hier nicht aufgenommen.
[2]) Oder anderes gutes Geräteglas.

Rosetiegel mit Deckel und Rohr (Fig. 18), etwa 15 ccm.
Rundkolben, gewöhnl. Glas, 1000 ccm.
    „   , Jenaer Glas[1]), 300, 500 ccm; 2 Stück zu 200 ccm.
Saugflasche, 750 ccm, mit 60 cm Druckschlauch, T-Stück und **Klemm-**
    schraube (Fig. 16).
Schalen, Porzellan, 200, 300, 400, 500 ccm.
Schale,   „   , innen dunkelglasiert, 200 ccm.
Schiffchen, „   .
Siedesteinchen.
Spanring für das Wasserbad (Fig. 8), etwa 25 cm Durchmesser, mit Klemme.
Spritzflaschen (Fig. 14), 1000 ccm, 500 ccm (für besondere Waschflüssigkeiten).
Stöpselflaschen, mit engem Hals, 100, 200, 1500 ccm; 5 Stück zu 1000 ccm.
Stöpselflaschen, mit weitem Hals, 50 ccm.
Thermometer, bis 360°.
Tiegel, Porzellan, mit Deckel, hohe Form, etwa 20 ccm Inhalt, 2 Stück.
Tiegelzange, Nickel oder Aluminium.
Trichter, gewöhnl., verschied.
    „   mit Schleife für quantitative Arbeiten (Fig. 12), 6,5 cm Durch-
    messer, 2 Stück.
Trichter mit Schleife und durchschnittenem Rohr für quantitative Arbeiten,
    6,5 cm Durchmesser.
Tropftrichter, 100 ccm.
Uhrgläser, 4, 5, 6, 10 cm; 1 zu 10 cm, durchbohrt.
Wägegläschen, weit, mit eingeschliff. Stopfen, etwa 15 ccm Inhalt.
Wägeröhrchen, mit eingeschliff. Stopfen, etwa 7 cm lang, 6 mm weit, 2 Stück.
Waschflaschen für Gase, 2 Stück.
Wasserbad (Fig. 8).
Wasserstrahlluftpumpe[2]).

I. Vorbereitende Bestimmungen.

1. Die Eichung des Gewichtssatzes.

Für die Verwendbarkeit des Gewichtssatzes zu den gewöhnlichen analytischen Zwecken ist es nicht notwendig, daß die
Genauigkeit der Gewichte eine absolute, d. h. daß ihre Masse
durchaus gleich den entsprechenden Teilen des Urkilogramms
sei. Wohl aber muß das Massenverhältnis der einzelnen Stücke
des Satzes zueinander stimmen, oder aber man muß, wenn
dies nicht der Fall ist, die Korrektionen für die einzelnen Gewichte kennen.

Man eicht den Gewichtssatz nach dem sog. Substitutionsver-
fahren, bei welchem die Gewichte der Stücke unter Zuhilfenahme
einer geeigneten Tara miteinander verglichen werden. Ungleicharmigkeit der Wage verursacht hierbei keinen Fehler.

---

[1]) Oder anderes gutes Geräteglas.
[2]) Fällt fort, wo eine Saugleitung vorhanden ist.

Als Tara benutzt man einen .vom Assistenten zu entleihenden Hilfsgewichtssatz, an dessen Stelle auch eine andere Tara, z. B. feines Schrot, benutzt werden könnte. Sollten die gleichnamigen Stücke des zu prüfenden Satzes nicht bereits mit unterscheidenden Zeichen versehen sein, so hole man dies durch vorsichtiges Eindrücken von Punkten auf den zweiten und weiteren Stücken nach. Um Verwechselungen zu verhüten, gewöhne man sich daran, die gleichnamigen Stücke immer in der gleichen Folge im Kasten unterzubringen.

Da man die Bruchteile des Zentigramms durch Verschieben des Reiters wägt, läßt man die im Gewichtssatz enthaltenen Gewichte, welche kleiner als ein Zentigramm sind, bei der Eichung unberücksichtigt. Für letztere ist es notwendig, daß man aus den Dezi- und Zentigrammen ein Gramm zusammenstellen kann. Fehlt dazu ein 1 cg-Stück, so ersetzt man es durch einen ja ebenfalls 1 cg wiegenden Reiter, der durch Umbiegen eines Schenkels besonders kenntlich gemacht wird.

Man beginnt mit dem Vergleichen der 1 cg-Stücke. Nachdem das erste von ihnen auf die linke Wageschale gelegt ist, bringt man die Wage durch eine dem Hilfsgewichtssatz entnommene Tara und Verschieben des Reiters auf dem rechten Wagebalken ins Gleichgewicht. Aus Gründen, welche sich aus dem weiteren Verfahren ergeben (?), sorge man, auch später, dafür, daß der Reiter nicht nahe an die Balkenenden kommt. Zweckmäßigerweise legt man hier z. B. ein 5 mg-Gewicht auf die rechte Wageschale; der Reiter wird sich dann, sobald die Wage im Gleichgewicht ist, wovon man sich durch Schwingungsbeobachtungen überzeugt (s. S. 6), auf der Mitte des Balkens, dicht am Teilstrich 5, befinden. Man liest seine Stellung genau ab.

Jetzt ersetzt man das erste 1 cg-Gewicht durch das zweite und bringt die Wage, ohne sonst etwas an der Tara zu ändern, durch Verschieben des Reiters wie vorher genau ins Gleichgewicht. Offenbar unterscheiden sich die Gewichte der beiden so verglichenen 1 cg-Stücke um den Betrag, welcher der Differenz der Reiterstellungen bei beiden Wägungen entspricht. Indem man nun vorläufig die willkürliche Annahme macht, daß das Gewicht des ersten 1 cg-Stückes richtig ist, berechnet man das Gewicht des zweiten 1 cg-Stückes, indem man 1 cg um die gefundene Differenz vermehrt oder vermindert. Um sicher zu sein, daß die Wage keine Änderung erfahren hat, bringt man noch einmal das erste Gewicht auf die linke Wageschale und wiederholt die Wägung. Danach verfährt man in derselben Weise mit dem dritten 1 cg-Stück, indem man es mit dem ersten oder zweiten vergleicht und so sein Gewicht er-

— 29 —

mittelt. Dann geht man zur Prüfung des 2 cg-Stückes über[1]). Man
tariert zunächst wie vorher, indem man nun 1,5 cg Tara aus dem
Hilfsgewichtssatz auf die rechte Wageschale bringt, zwei 1 cg-Stücke
aus, vertauscht sie gegen das 2 cg-Stück und erfährt so dessen
Gewicht. Darauf kommt das 5 cg-Stück zum Vergleich mit dem
2 cg- und den drei 1 cg-Stücken. In entsprechender Weise fährt
man fort, indem man jedes Stück des Gewichtssatzes mit jedem
anderen derselben Größe und mit der Summe aller kleineren Bruch-
gewichte vergleicht. Man erhält so eine Anzahl unabhängiger
Gleichungen, und zwar eine weniger als die Zahl der Gewichte,
so daß man die Gewichte aller Stücke berechnen kann, sobald man
den Wert eines einzigen festlegt, wie es hier vorläufig für das erste
1 cg-Stück geschah. Von ihm ausgehend, berechnet man die anderen
Gewichte durch einfache Addition und Subtraktion. Die folgende
Tabelle zeigt die Ergebnisse der vollständig durchgeführten Eichung

1.	2.	3.	4.	5.
Nennwert des Gewichtsstückes in g	Resultat der Substitutionswägung	Gefundener Wert in g	Die aus dem Gewicht des 50 g-Stückes, 50,0825 g, für die einzelnen Stücke berechneten Werte	Korrektion
(0,01)	vorläufig als richtig angenommen	0,01	} 0,0100	0
(0,01 [I])	= (0,01) + 0,1 mg	0,0101		+ 0,1 mg
(0,01 [II])	= (0,01 [I]) — 0,1 mg	0,0100		0
[Reiter]				
(0,02)	= (0,01 [I]) + (0,01 [II]) — 0,1 mg	0,0200	0,0200	0
(0,05)	= (0,02) + usw.[2]) + 0,1 mg	0,0502	0,0501	+ 0,1 mg
(0,1)	= (0,05) + usw. — 0,1 mg	0,1002	} 0,1002	0
(0,1 [I])	= (0,1) ± 0	0,1002		0
(0,2)	= (0,1) + (0,1 [I]) — 0,1 mg	0,2003	0,2003	0
(0,5)	= (0,2) + usw. — 0,2 mg	0,5008	0,5008	0
(1)	= (0,5) + usw. — 0,1 mg	1,0017	} 1,0017	0
(1 [I])	= (1) ± 0	1,0017		0
(1 [II])	= (1) — 0,1 mg	1,0016		— 0,1 mg
(2)	= (1) + (1 [II]) + 0,1 mg	2,0034	2,0033	+ 0,1 mg
(5)	= (2) + (1) + (1 [I]) + (1 [II]) — 0,2 mg	5,0082	5,0082	0
(10)	= (5) + (2) + (1) + (1 [I]) + (1 [II]) — 0,1 mg	10,0165	} 10,0165	0
(10 [I])	= (10) + 0,1 mg	10,0166		+ 0,1 mg
(20)	= (10) + (10 [I]) + 0,2 mg	20,0333	20,0330	+ 0,3 mg
(50)	= (20) + (10) + (10 [I]) + (5) + (2) + (1) + (1 [I]) + (1 [II]) — 0,5 mg	50,0825	50,0825	0

[1]) Bei den Gewichtssätzen nach L a n d o l t zur Prüfung des vierten
1cg-Stückes.

[2]) „usw." bedeutet die Summe aller kleineren Gewichtsstücke.

eines Gewichtssatzes, wobei eine Wage benutzt wurde, welche $^1/_{10}$ mg zu wägen gestattete.

Die erste Spalte enthält die den geprüften Gewichtsstücken aufgeprägten Nennwerte; die zweiten und dritten Stücke gleichen Wertes sind durch beigefügte Striche unterschieden. Durch die Einklammerung der Zahlen wird angedeutet, daß es sich nicht um wirkliche Gewichte, sondern um die Stücke mit dem betreffenden Prägungswert handelt. In der zweiten Spalte steht das Resultat der Wägung: es sind die zum Vergleich benutzten Gewichtsstücke und die gefundenen Gewichtsdifferenzen angegeben. Diese Zahlen liefern durch einfache, im Kopf auszuführende Addition und Subtraktion die in Spalte 3 verzeichneten vorläufigen Gewichtswerte für die einzelnen Stücke des Satzes. Die so ermittelten Zahlen weichen, wie man sieht, bei den größeren Stücken beträchtlich vom Nennwert ab. Dies erklärt sich nicht etwa dadurch, daß die Gewichte tatsächlich so falsch sind, sondern daraus, daß man bei der Prüfung von dem kleinen 1 cg-Stück ausgegangen ist und daß die prozentual bedeutenden Korrektionen der kleinsten Gewichte diejenigen der größeren in immer steigendem Maß beeinflussen. Von diesem Fehler befreit man sich, nachdem alle Wägungen beendet sind, nachträglich, indem man nun die neue und endgültige Annahme macht, daß nicht das kleinste, sondern das größte der untersuchten Gewichtsstücke, in unserem Falle also das 50 g-Stück, dessen Gewicht vorläufig zu 50,0825 g gefunden wurde, das richtige, seinem Nennwert entsprechende Gewicht, 50,0000 g, besitzt. Unter dieser Voraussetzung ergibt sich das endgültige Gewicht eines jeden kleineren Gewichtsstückes, wenn man den bei diesem in Spalte 3 verzeichneten Gewichtswert mit $\frac{50{,}0000}{50{,}0825}$ multipliziert. Die etwas umständliche Rechnung läßt sich folgendermaßen umgehen. Man berechnet, wieviel ein jedes kleinere Gewichtsstück wiegen müßte, wenn das Gewicht des 50 g-Stückes gleich dem zunächst gefundenen vorläufigen Wert, hier also 50,0825 g, wäre und das Verhältnis aller Gewichte zueinander genau dem Prägungswert entspräche. Für das 20 g-Stück beispielsweise findet man $\frac{50{,}0825 \cdot 20}{50}$ g $= 20{,}0330$ g.

In Spalte 4 sind die so für alle Gewichtsstücke berechneten Werte enthalten. Subtrahiert man sie von den Zahlen der dritten Spalte, so bekommt man ohne weiteres die gesuchten, in Spalte 5 zusammengestellten Korrektionen für die einzelnen Stücke. Das Vorzeichen der Korrektion für ein einzelnes Gewichtsstück kann positiv oder negativ sein; dementsprechend ist bei einer Wägung mit diesem Stück das gefundene Gewicht um den betreffenden Betrag zu vermehren oder zu vermindern. Ist z. B. das Gewicht des Stückes zu klein, die Korrektion also negativ, so muß sie vom Resultat einer Wägung mit diesem Gewicht abgezogen werden; man hat ja bei der Wägung das dem betreffenden Stück fehlende Gewicht durch andere Gewichte oder Verschieben des Reiters nach dem Balkenende hin ausgleichen müssen, also ein in Wirklichkeit zu hohes Gewicht gefunden.

Wie die Tabelle zeigt, überschreitet die Korrektion bei dem hier geprüften Gewichtssatz nur bei dem 20 g-Stück den Betrag von $1/10$ mg. Die an anderen Stellen berechneten Abweichungen von $1/10$ mg können unberücksichtigt bleiben, da die benutzte Wage ja nur auf $1/10$ mg genau zu wägen gestattet. Die von zuverlässigen Firmen bezogenen analytischen Gewichtssätze sind in der Regel so genau gearbeitet, daß sich die Anbringung von Korrektionen bei Wägungen, deren Genauigkeit $1/10$ mg nicht überschreitet, erübrigt. Anders ist es natürlich, wenn man empfindlichere Wagen benutzt, die z. B. noch $1/100$ mg zu wägen erlauben.

Die Prüfung des Gewichtssatzes ist nach längerem Gebrauch der Gewichte gelegentlich zu wiederholen.

2. Bestimmung der Löslichkeit des Glases in Wasser.

Der folgende Versuch zeigt, wie beträchtliche Mengen Glas von Wasser aufgelöst werden. Man beginnt ihn damit, daß man sich von der Reinheit des dabei verwendeten destillierten Wassers überzeugt.

Eine saubere Platinschale von mindestens 150 ccm Inhalt wird mit Wasser abgespült, abgetrocknet und, auf einem reinen Ton- oder Quarzdreieck liegend, mit dem Bunsenbrenner so erhitzt, daß alle Teile nacheinander zu schwacher Rotglut kommen. Nachdem der Brenner entfernt und die Schale etwas abgekühlt ist, bringt man sie mittels der Tiegelzange in den Chlorkalziumexsikkator und läßt sie eine halbe Stunde darin. Dann wird sie auf $1/10$ mg genau gewogen. Dabei berührt man sie niemals mit den Fingern, sondern nur mit der Zange oder der Pinzette. Man beachte hier und in der Folge das im allgemeinen Teil Gesagte, soweit es in Betracht kommt.

In der gewogenen Schale dampft man nun 100 ccm destilliertes Wasser auf dem Wasserbad (vgl. S. 10) zur Trockene ein. Man mißt das Wasser in einem Meßzylinder ab oder bestimmt seine Menge durch Einwägen von 100 g auf einer gewöhnlichen Stand- oder Handwage, deren Schalen natürlich rein und trocken sein müssen. Nachdem alles Wasser verdampft ist, glüht man die Platinschale schwach wie vorher und wägt sie unter Beachtung der früheren

Vorsichtsmaßregeln. Das Gewicht soll fast unverändert geblieben sein[1]), als Beweis, daß das destillierte Wasser beim Verdampfen keinen nennenswerten Rückstand hinterläßt.

Inzwischen spült man einen neuen 1 l-Rundkolben aus gewöhnlichem Glas mit kaltem Wasser zur Entfernung des Staubes und Schmutzes aus und füllt ihn zu etwa zwei Dritteln mit Wasser. Man stellt den Kolben auf ein Baboosches Sicherheitsblech, befestigt ihn schräg am Stativ, so daß sein Hals etwa einen halben rechten Winkel mit der Lotrechten bildet, und erhitzt ihn über kleiner Flamme (Schornstein!) bis zum ruhigen Sieden des Wassers. Wenn letzteres im Lauf mehrerer Stunden bis auf ungefähr 50 ccm eingekocht ist, läßt man es erkalten und gießt es am Glasstab entlang in die vorher benutzte Platinschale, deren Gewicht man kennt. Der Kolben wird ausgespült, indem man etwa 10 ccm Wasser aus der Spritzflasche hineingibt, tüchtig umschwenkt und das Waschwasser ebenfalls in die Schale bringt. Beim Einspritzen des Wassers spüle man den Hals des zu diesem Zweck um seine Achse zu drehenden Kolbens ab. Das Ausspülen wird noch zweimal wiederholt. Den Schaleninhalt dampft man dann auf dem Wasserbad ein, erhitzt die Schale wie vorher mit dem Bunsenbrenner, aber sehr langsam und mit großer Vorsicht, um ein Verspritzen des festen Rückstandes zu verhüten, und wägt sie. Das Mehr gegenüber dem Leergewicht ergibt das Gewicht des aus dem Glas Gelösten. Man wird über die Menge erstaunt sein und daraus den Schluß ziehen, daß die Löslichkeit des Glases im Wasser bei analytischen Arbeiten zu berücksichtigen ist. Übrigens werden durch langes Behandeln mit Wasser, besonders aber mit gewissen Reagentien (z. B. Ammoniaklösung), auch unlösliche Teile von den Glaswandungen losgetrennt, eine weitere Fehlerquelle für manche Analysen.

Glasgefäße geben um so weniger an Wasser ab, je länger sie schon damit in Berührung waren; ein gutes Mittel, sie möglichst wenig angreifbar zu machen, besteht darin, daß man sie vor dem Gebrauch „ausdämpft", d. h. längere Zeit mit einem kräftigen Wasserdampfstrom behandelt und dann sorgfältig ausspült.

---

[1]) Die Reinheit des destillierten Wassers hängt von der Art seiner Aufbewahrung ab.

II. Maßanalyse.

Allgemeines.

Übersicht über die Verfahren. Bei der zu Anfang des 19. Jahrhunderts von Gay-Lussac in die Chemie eingeführten Maßanalyse (auch volumetrische, titrimetrische und Titrier-Analyse genannt) wird, wie schon in der Einleitung erwähnt wurde, die quantitative Bestimmung eines Stoffes dadurch bewirkt, daß man das Volum einer geeigneten Reagenslösung von bekanntem Gehalt (Titer) ermittelt, welches gerade zur quantitativen Umsetzung mit dem zu bestimmenden Stoff hinreicht. Dessen Menge ist dann durch eine einfache stöchiometrische Rechnung zu finden.

Für die Maßanalyse verwendbare Reaktionen haben zwei Bedingungen zu erfüllen: sie müssen schnell quantitativ verlaufen, und ihr Endpunkt muß scharf zu erkennen sein. Letzteres ist manchmal ohne weiteres möglich; z. B. bei der maßanalytischen Bestimmung der Oxalsäure mit Kaliumpermanganatlösung von bekanntem Gehalt zeigt das leicht zu beobachtende Auftreten der roten Permanganatfarbe den Zeitpunkt an, in welchem eben alle Oxalsäure unter gleichzeitiger Verwandlung des Permanganates in fast farbloses Mangan(2)-salz zu Kohlendioxyd oxydiert wurde und überschüssiges Permanganat aufzutreten beginnt. Anders ist es z. B. bei der Titration von Natronlauge mit Salzsäure bekannter Stärke. Dabei macht sich der Neutralisationspunkt nicht bemerkbar. Man hilft sich in diesem und in vielen anderen Fällen durch Zugeben eines „Indikators", d. i. eines Reagens, welches das Ende einer Reaktion sichtbar macht, ohne den Verlauf der Reaktion selbst zu stören. Hier wäre z. B. Lackmustinktur als Indikator zu verwenden. Ihr Farbenumschlag von Blau in Rot zeigt die Neutralisation des vorhandenen Alkalis und das Auftreten freier Säure an. Ein anderes Beispiel für die Verwendung eines Indikators bietet die Bestimmung einer Silberlösung mit titrierter Ammoniumrhodanidlösung. Als Indikator benutzt man dabei ein Eisen(3)-salz. Solange noch Silber in der Lösung zugegen ist, fällt das Ammoniumrhodanid weißes, unlösliches Silberrhodanid aus; der kleinste Überschuß an gelöst bleibendem Rhodanid bewirkt Bildung von Eisen(3)-rhodanid und damit eine Rötung der über dem Niederschlag stehenden Flüssigkeit.

Die eben angeführten Verfahren sind Beispiele für die drei Gruppen, in welche man die Maßanalyse gewöhnlich einteilt, nämlich in:

A. **Neutralisationsverfahren** (Azidimetrie und Alkali-
metrie),
B. **Oxydations- und Reduktionsverfahren**,
C. **Fällungsverfahren**.

Das Wesen der ersten beiden wird durch die Namen genügend gekennzeichnet; die letzte Gruppe umfaßt eine Reihe von Verfahren, welche sich nur darin gleichen, daß die benutzten Reaktionen mit Bildung von Niederschlägen verbunden sind.

Die Titerflüssigkeiten. Die Lösungen von bekanntem Gehalt, welche in der Maßanalyse Verwendung finden, sind entweder Normal- (oder $^1/_{10}$-Normal- usw.) Lösungen oder sog. empirische Lösungen. Eine Normallösung ist eine Lösung, welche im Liter ein Val, d. i. ein Grammäquivalent des gelösten Stoffes enthält, d. h. soviel, wie im Wirkungswert einem Grammatom $= 1{,}008$ g Wasserstoff entspricht. Eine $^1/_{10}$-Normal-$(^n/_{10})$-Lösung enthält $^1/_{10}$, eine $^n/_{100}$-Lösung $^1/_{100}$ Val im Liter usw.

Eine normale Säurelösung enthält z. B. im Liter $1{,}008$ g Säurewasserstoff, eine n-Salzsäure also $[HCl]^1) = 36{,}47$ g HCl, eine n-Schwefelsäure $\dfrac{[H_2SO_4]}{2} = 49{,}04$ g H_2SO_4. Eine normale Basenlösung muß das gleiche Volum einer normalen Säure genau neutralisieren; eine n-Kalilauge enthält daher im Liter $[KOH] = 56{,}11$ g KOH, eine n-Barytlösung $\dfrac{[Ba(OH)_2]}{2} = 85{,}69$ g $Ba(OH)_2$. In der Normallösung eines Oxydationsmittels befindet sich das oxydierende Agens in solcher Menge, daß 1 l Lösung $1{,}008$ g Wasserstoff zu Wasser oxydieren kann, d. h. $^1/_2$ Grammatom $= 8{,}000$ g oxydierenden Sauerstoff enthält, wenn es sich um ein Oxyd oder eine Sauerstoffsäure handelt. Eine n-$KMnO_4$-Lösung enthält daher, weil ein Molekül $KMnO_4$ bei der Reduktion zu Mangan(2)-salz in saurer Lösung $^5/_2$ Atome Sauerstoff abgibt, im Liter $\dfrac{[KMnO_4]}{5}$ g Permanganat. Der Gehalt der Normallösung eines Stoffes wechselt unter Umständen je nach dem Zweck, welchem sie dienen soll. Eine n-K_2CrO_4-Lösung muß z. B. $\dfrac{[K_2CrO_4]}{3}$ g Kaliumchromat im Liter enthalten, wenn man sie als Oxydationsmittel benutzen will, dagegen $\dfrac{[K_2CrO_4]}{2}$ g, falls es nicht auf die oxydierenden Eigenschaften, sondern auf die Basizität der Chromsäure ankommt und etwa Barium mit ihrer Hilfe als $BaCrO_4$ ausgefällt werden soll.

---

[1]) Die in Klammern gesetzten Formeln bedeuten die Molekulargewichte.

Wenn eine Lösung den gelösten Stoff in einer das Äquivalentgewicht nicht berücksichtigenden Menge enthält, so nennt man sie eine **empirische Lösung**. Wegen der großen Vorteile, welche es schon durch die Vereinfachung aller Rechnungen bietet, wenn gleiche Volume verschiedener Lösungen einander äquivalent sind, benutzt man in der Maßanalyse in der Regel Normallösungen oder $n/_{10}$-Lösungen. Letztere passen sich vielfach den bei der Analyse verwendeten Substanzmengen besser an als die n-Lösungen, die zudem bei manchen schwerer löslichen Substanzen überhaupt nicht herzustellen sind.

Während die Ausführung der Maßanalyse einfach ist, sobald man schon eine passende Normal- (oder $n/_{10}$- u. dgl.) Lösung besitzt, macht die Bereitung der letzteren einige Schwierigkeiten. Sie erfolgt meist unter Benutzung sog. **Urtitersubstanzen**. Als solche sind leicht zu reinigende und abzuwägende Stoffe zu verwenden, aus denen man zunächst durch Auflösen einer genau abgewogenen Menge im Meßkolben eine Lösung von bekanntem Gehalt bereitet. Mit Hilfe dieser Lösung erfolgt dann die „Einstellung" der gewünschten Normallösungen. Als Urtitersubstanz bedient man sich z. B. bei der Alkali- und Azidimetrie mit Vorteil des Natriumkarbonates, welches ohne große Schwierigkeiten ganz rein darzustellen ist und dessen Lösung zur Titration von Säuren dienen kann. Die titrierten Säuren gestatten dann weiterhin die Titration anderer **alkalischer** Flüssigkeiten.

Man hebt die Lösungen in Standflaschen mit Gummistopfen oder gut eingeschliffenen Glasstöpseln auf und verzeichnet auf dem Schild den Tag der Herstellung und den Titer der Lösung, zweckmäßig auch dessen Logarithmus. Der Titer lang aufbewahrter Lösungen ist von Zeit zu Zeit nachzuprüfen. Sollte man hierbei den Gehalt einer Normallösung etwas geändert finden, so berechne man den „Normalitätsfaktor" der Lösung, d. h. die Zahl Kubikzentimeter einer wirklich normalen Lösung, welche 1 ccm der veränderten Lösung entsprechen, und verzeichne ihn ebenfalls auf dem Schild. Multipliziert man das bei einer Titration verwendete Volum dieser Lösung mit dem Normalitätsfaktor, so erhält man das Volum, welches bei Benutzung einer **stimmenden** Normallösung verbraucht worden wäre.

Titerflüssigkeiten müssen vor dem Gebrauch in der Flasche gründlich durchgeschüttelt werden; die Lösungen entmischen sich beim Stehen, da bei jeder Abkühlung reines Lösungsmittel an den über der Lösung befindlichen Teil der Flaschenwand destilliert und herabfließend die Lösung oben verdünnt.

Das Reinigen der Meßgefäße. Die Meßgefäße sind vor der Benutzung sorgfältig zu säubern. Dies gilt besonders für die Pipetten und Büretten, aus denen Flüssigkeiten abgelassen werden sollen. Entleert man sie, nachdem sie mit Wasser gefüllt waren, so dürfen an ihren Wandungen keine einzelnen Tropfen zurückbleiben. Als billiges Reinigungsmittel dient ein noch lauwarmes Gemisch von roher Schwefelsäure mit einer verdünnten Lösung von technischem Natriumdichromat. Nachdem die Gefäße einige Zeit[1]) damit in Berührung waren, spült man sie mit destilliertem Wasser aus und trocknet sie, indem man einen kräftigen Luftstrom mit der Saugleitung hindurchsaugt oder mit dem Gebläse hindurchpreßt. Durch passend angebrachte Wattebäuschchen befreit man dabei die Luft von Staub. Vorheriges Ausspülen der Gefäße mit fettfreiem Alkohol beschleunigt das Trocknen. Die Benutzung von Äther für denselben Zweck ist wenig empfehlenswert, da Äther beim Verdunsten fast stets einen Rückstand auf der Glasoberfläche hinterläßt. Aus den Hähnen der Büretten entferne man vor der chemischen Reinigung zunächst mechanisch das Fett möglichst gründlich und sei bei ihnen besonders vorsichtig im Gebrauch von Alkohol und Äther, die zurückgebliebenes Fett auflösen und dann später beim Verdampfen das ganze Gefäß mit einer dünnen Fetthaut überziehen können. Statt die Gefäße zu trocknen, kann man sie vor der Verwendung einige Male mit kleinen Mengen der Flüssigkeit ausspülen, welche sie aufnehmen sollen.

Die Eichung und Benutzung der Meßgefäße. Man überzeuge sich durch Auswägen mit destilliertem Wasser von der Richtigkeit der Meßgefäße, ehe man sie in Gebrauch nimmt[2]). Meßkolben werden erst leer, dann bis zur Marke mit Wasser gefüllt gewogen. Pipetten füllt man bis zur Marke und entleert sie in der vorgeschriebenen Weise (s. S. 9) in ein bis auf 1 cg genau gewogenes Gefäß, das man dann wieder wägt. Dasselbe Verfahren dient zur Eichung der Büretten, die man bis zum Nullpunkt füllt und aus denen man das Wasser in einzelnen Portionen von 5 ccm in den tarierten Kolben fließen läßt. Etwa vorhandene Abweichungen im Volum der Maßgefäße von dem auf ihnen bezeichneten Eichwert sind zu vermerken und bei der Benutzung der Gefäße in Betracht zu ziehen.

Bei der Berechnung des Volums aus dem Wassergewicht ist natürlich die Temperatur des Wassers zu berücksichtigen. Das in Luft von 760 mm Druck bestimmte Gewicht eines Liters Wasser beträgt

---

[1]) Nicht zu lange, etwa tagelang, weil das Gemisch das Glas merklich angreift.

[2]) Eine Tafel hierfür befindet sich in den Rechentafeln.

bei 10°   998,53 g   bei 18°   997,64 g
„ 12°   998,38 „   „ 20°   997,30 „
„ 14°   998,18 „   „ 22°   996,92 „
„ 16°   997,93 „   „ 24°   996,50 „ .

Wegen der Abhängigkeit der Gefäßvolume von der Temperatur vgl. unten.

Große Sorgfalt hat man bei der Eichung wie später beim maßanalytischen Arbeiten dem richtigen Ablesen der Flüssigkeitsvolume zu widmen. Es handelt sich dabei zunächst um die Vermeidung des Parallaxenfehlers, wie er eintritt, wenn man das Auge nicht genau in die Höhe des abzulesenden Meniskus bringt. Dieser Fehler ist bei den Meßgefäßen leicht zu umgehen, bei welchen die Volummarken zu einem vollen Kreis ausgezogen sind, wie es bei Meßkolben und Pipetten fast immer der Fall ist. Hier erscheint dieser Kreis bei richtiger Augenhöhe und bei lotrechter Stellung der Gefäße als gerade Linie. Wenn möglich, benutze man auch Büretten, bei welchen die Marken für die ganzen Kubikzentimeter mindestens zu Halbkreisen ausgezogen sind.

Das Ablesen der Meniskusstellung bei hellen Flüssigkeiten wird erleichtert, wenn man an der Rückseite der Bürette eine auf der unteren Hälfte geschwärzte, passend ausgeschnittene (s. Fig. 20) Karte so befestigt, daß die Grenze zwischen Schwarz und Weiß einige Millimeter unter dem Meniskus liegt. Dieser tritt dann außerordentlich deutlich mit dunkler Farbe hervor. Ähnlich wirkt die zugleich eine parallaxenfreie Ablesung erleichternde Göckel-Ableseklammer.

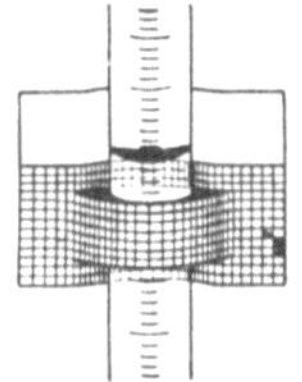

Fig. 20.
Vorrichtung zum
Sichtbarmachen
des Meniskus an
Büretten.

Bei starkgefärbten Flüssigkeiten liest man die Stellung des oberen, geraden Meniskusrandes ab. Man warte mit dem Ablesen immer, bis die Lösung von den Wandungen zusammengeflossen ist und der Meniskus seine Lage nicht mehr ändert. Über die obere Öffnung von Büretten, in welchen sich Lösungen befinden, stülpe man ein kurzes Reagensglas, kleines Wägeglas oder dgl.

Die Eichung der Gefäße erfolgt heute meist für 17,5°. Bei dieser Temperatur ist also ihr Inhalt genau gleich dem Eichwert. Hat man Titrationen und die Herstellung von Titerlösungen bei stark abweichenden Temperaturen vorzunehmen, so muß man die Änderungen des Flüssigkeits- und Gefäßvolums mit der Temperatur berücksichtigen. Die folgende kleine Tabelle enthält die Korrektionen für 10°—25°, die an einem Volum von 50 ccm Wasser oder $n/_{10}$-Lösung für die Reduktion auf 17,5° anzubringen sind.

Temperatur . . . . 10 11 12 13 14 15°
Korrektion für 50 ccm + 0,03 + 0,03 + 0,02 + 0,02 + 0,01 + 0,01 ccm

Temperatur . . . . 16 17 18 19 20 21°
Korrektion für 50 ccm + 0,01 0 — 0,01 — 0,02 — 0,03 — 0,04 ccm

Temperatur . . . . 22 23 24 25°
Korrektion für 50 ccm — 0,05 — 0,06 — 0,07 — 0,08 ccm.

Hiernach läßt sich beurteilen, ob die zu lösende Aufgabe die Korrektion erfordert oder nicht. Näheres sehe man in den Lehr- oder Handbüchern nach. Eine ausführliche Besprechung aller Fehlerquellen beim Wägen und Messen befindet sich in den schon früher erwähnten ersten Abschnitten von Band 3 des Stählerschen „Handbuches der Arbeitsmethoden in der anorganischen Chemie" und sei der Beachtung besonders empfohlen.

Alle Titrationen sind zu wiederholen, bis mehrere aufeinander folgende Analysen das gleiche Resultat liefern. Die erste Bestimmung ist meist weniger genau als die folgenden und als Vorversuch zu betrachten.

Die Neutralisationsverfahren (Alkalimetrie und Azidimetrie).

Alkalimetrie und Azidimetrie beruhen darauf, daß alkalisch reagierende Stoffe mit Normalsäuren[1]), Säuren mit Normal-alkalilösungen titriert werden. In beiden Fällen handelt es sich um Neutralisation von Säure und Base, im Sinne der Ionentheorie also um die Reaktion

$$OH' + H\cdot = H_2O.$$

Als Indikatoren dienen Stoffe, welche den sauren oder basischen Charakter einer Lösung, d. h. die Anwesenheit überschüssiger[2]) H·- oder OH'-Ionen, erkennen lassen. Es ist eine ganze Reihe geeigneter organischer Stoffe bekannt, welche in saurer Lösung anders gefärbt sind als in alkalischer. Der Farbenumschlag ist auf eine chemische Umwandlung des betreffenden Stoffes, auf eine „Umlagerung" in eine „isomere" Verbindung, zurückzuführen und erfolgt bei jedem Indikator bei einer bestimmten H·-Ionenkonzentration. Diese kritischen H-Ionenkonzentrationen weichen bei den verschiedenen Indikatoren vielfach erheblich voneinander ab. Man spricht von der „Empfindlichkeit" der einzelnen Indikatoren.

---

[1]) „Normal"-Lösung soll hier in weiterem Sinne auch $^n/_{10}$ usw.-Lösungen bezeichnen.

[2]) In einer „neutralen" Lösung sind die Konzentrationen der H·-Ionen und OH'-Ionen gleich.

Manche von diesen lassen schon sehr kleine H˙-Ionenkonzentrationen, wie sie bei den schwächsten Säuren vorliegen, andere erst ziemlich starke Säuren erkennen. Lackmus, Methylorange und Phenolphthalein, die wichtigsten Indikatoren, seien hier besprochen.

Die Indikatoren. Lackmustinktur wird durch Alkalien blau, durch stärkere Säuren intensiv rot, durch Kohlensäure weinrot gefärbt. Man verwendet bei einer Titration 10—20 Tropfen der gewöhnlichen Lösung. Die Titration von Karbonaten mit Lackmus als Indikator muß wegen der Einwirkung der Kohlensäure auf den Farbstoff in kochender Lösung stattfinden. Lackmus eignet sich zwar für fast alle Aufgaben der Alkali- und Azidimetrie, ist aber nicht besonders empfindlich, d. h. er läßt den Farbenumschlag erst deutlich erkennen, wenn die Menge des Überschusses von Säure oder Alkali nicht mehr ganz klein ist. In dieser Beziehung steht er den folgenden Indikatoren nach und wird daher heute, wenigstens in den wissenschaftlichen Laboratorien, selten benutzt.

Methylorange ist Dimethyl-amido-azobenzol-sulfosäure oder deren Natriumsalz. Man verwendet eine 0,1%ige wässerige Lösung des Salzes, von welcher man der zu titrierenden Flüssigkeit einen einzigen Tropfen zusetzt. Säuren färben sie rot, Alkalien gelb[1]). Man verfährt so, daß man bei Beendigung der Titration die Säure zu der alkalischen Flüssigkeit fließen läßt[2]), bis der hellgelbe Farbenton eben in Rosa umschlägt. Um diesen Punkt genau zu finden, benutze man eine Vergleichsflüssigkeit, welche durch Zugeben von ganz wenig Säure zu reinem, mit einem Tropfen Methylorangelösung versetztem Wasser bis zur Rosafärbung hergestellt ist. Man suche bei allen Titrationen mit diesem Indikator denselben Farbenton zu treffen und auch die Flüssigkeitsvolume immer annähernd

---

[1]) Beim Ansäuern der Lösung verwandelt sich die orangegelbe, „azoide“ Form des Methylorange großenteils in eine violette, „chinoide“ Form:

$$(C_6H_3)_2 : N \cdot C_6H_4 \cdot N : N \cdot C_6H_4 \cdot SO_3H$$
$$\text{gelb}$$

$$\rightarrow (C_6H_3)_2 : N \cdot C_6H_4 : N \cdot NH \cdot C_6H_4 \cdot SO_3 .$$
$$\text{violett}$$

Die Gleichgewichte zwischen beiden Formen hängen außer vom Säure- und Basengehalt der Flüssigkeit auch von der Konzentration des Farbstoffes ab.

[2]) Weil die Farbenänderung von Gelb in Rosa leichter zu beobachten ist als die umgekehrte. Besser erkennt man den Farbenumschlag, wenn man als Indikator Methylorange Indigo (1 Volum 0,1%ige Methylorangelösung und 5 Volume einer 0,1%igen Lösung von indigoschwefelsaurem Natrium) verwendet; vgl. Winkler - Brunck „Praktische Übungen in der Maßanalyse“, 4. Auflage, Seite 47.

gleich groß zu machen. Weil Wärme störend wirkt, müssen Titrationen mit Methylorange als Indikator möglichst bei gewöhnlicher Temperatur vorgenommen werden. Methylorange eignet sich vorzüglich für die Titration starker Säuren, sowie starker und schwacher Basen, z. B. auch des Ammoniaks.

Phenolphthalein benutzt man in 1%iger alkoholischer Lösung, von welcher wenige Tropfen für eine Titration gebraucht werden. Alkali verleiht der farblosen Lösung eine kräftig rote Farbe, welche auch durch die schwächsten Säuren wieder zum Verschwinden gebracht wird. Phenolphthalein ist ein ausgezeichneter Indikator für die Titration fast aller Säuren und der starken Basen, nicht des Ammoniaks. Kohlensäure muß wegen ihrer kräftigen Wirkung auf den Indikator bei seiner Verwendung ganz ausgeschlossen bleiben; die Titrationen sind daher in der Regel mit siedenden Lösungen vorzunehmen. Die Rotfärbung einer schwach alkalischen, mit Phenolphthalein versetzten Lösung verschwindet auf Zusatz von sehr viel Alkali, kehrt aber beim Verdünnen wieder.

Die Urtitersubstanzen. In der Azidi- und Alkalimetrie verwendet man bei wissenschaftlichen Untersuchungen meist $n/10$-Lösungen, in der technischen Analyse oft auch n- oder $n/2$-Lösungen von Säuren und Basen. Zur Herstellung der ersten Normallösung sind mehrere Verfahren im Gebrauch, von welchen einige erwähnt werden sollen, um einen Überblick über die mannigfaltigen möglichen Wege zu geben. Man kann reinen, trockenen Chlorwasserstoff von einer gewogenen Menge Wasser absorbieren lassen, die Gewichtszunahme und damit den Titer der so dargestellten Salzsäure bestimmen. Man kann ferner eine gewogene Menge reinen Kupfervitriol in Wasser auflösen, die Lösung bis zur vollständigen Abscheidung des Kupfers elektrolysieren und so eine Schwefelsäure von bekannter Stärke gewinnen. Es kann weiterhin der HCl-Gehalt reiner Salzsäure durch gewichtsanalytische Bestimmung des Chlors als AgCl oder durch genaue Ermittelung ihrer Dichte festgestellt werden. Als andere Urtitersubstanzen sind u. a. sorgfältig gereinigter Borax, Oxalsäure, Natriumoxalat, kalziniertes Natriumkarbonat vorgeschlagen worden. Letzteres wurde schon von Gay-Lussac empfohlen und soll hier bei der Darstellung einer $n/10$-Salzsäure benutzt werden.

Bei den folgenden Beispielen für die Ausführung der Neutralisationsverfahren beachte man alles hier und im allgemeinen Teil Gesagte.

3. Die Darstellung von reinem Natriumkarbonat als Urtitersubstanz.

Das Natriumkarbonat, welches als Urtitersubstanz dienen soll, muß in Wasser klar löslich und frei von Chlorid und Sulfat sein. Man reinigt das käufliche Salz, welches diese Bedingungen in der Regel noch nicht erfüllt, indem man es in Wasser löst, als Bikarbonat ausfällt und in Karbonat zurückverwandelt.

50 g gepulverte, kristallisierte, möglichst reine Soda, die nur ganz schwache Chlorreaktion geben darf, werden in 50 ccm lauwarmem Wasser aufgelöst. Die Lösung filtriert man durch ein Faltenfilter in einen 200 ccm-Erlenmeyerkolben und setzt auf diesen lose einen Gummistopfen, durch welchen ein mindestens 8 mm weites, bis auf den Boden der Saugflasche reichendes Gaseinleitungsrohr geht. Durch das Rohr leitet man Kohlendioxyd ein, das einem Kippschen Apparat entnommen und in einer Waschflasche mit verdünnter Sodalösung gewaschen wird. Wenn der Kolben nach Verdrängen der Luft mit Kohlendioxyd gefüllt ist, verschließt man ihn durch Eindrücken des Stopfens, überläßt die Lösung zunächst $^1/_2$ Stunde bei Zimmertemperatur der Einwirkung des Kohlendioxydes und kühlt sie dann unter oft wiederholtem Umschwenken in Eis ab. Wird nach mehreren Stunden kein Gas mehr aufgenommen und ist alles neutrale Karbonat in saures Salz verwandelt, so saugt man den ausgeschiedenen Kristallbrei auf einer kleinen, mit einem Scheibchen Filtrierpapier[1]) bedeckten Filterplatte ab und wäscht ihn mehrmals mit einigen Kubikzentimetern eiskaltem, mit Kohlendioxyd gesättigtem Wasser aus, wobei man das Saugen vorübergehend unterbricht und durch Festdrücken der Kristalle mit einem Pistill die anhaftende Flüssigkeit möglichst entfernt. Man löst eine Probe der Kristalle in verdünnter Salpetersäure und prüft mit Silberlösung auf Chlor. Ist das Salz noch chlorhaltig, so muß die Reinigung wiederholt werden. Zu dem Zweck löst man es in einer Platinschale (da heiße Sodalösung Glas stark angreift) in 50 ccm kochendem Wasser auf, wobei es in neutrales Karbonat zurückverwandelt wird, und nimmt noch einmal die Fällung als Bikarbonat vor. Das Bikarbonat ist genügend rein, sobald es mit Silbernitrat keine Reaktion oder nur eine ganz schwache Opaleszenz gibt. Die reine Verbindung wird im Platintiegel auf dem Wasserbad oder im Dampftrockenschrank unter gelegentlichem

---

[1]) Das Filterchen, dessen Durchmesser denjenigen der Filterplatte um einige Millimeter übertreffen muß, soll der Trichterwand rings vollständig anliegen.

Umrühren mit einem Glasstab erhitzt[1]) und — sie ist jetzt größtenteils in neutrales Karbonat übergegangen — in einer gut schließenden Stöpselflasche aufgehoben. Aus diesem Material läßt sich jederzeit schnell durch stärkeres Erwärmen reines, wasserfreies Natriumkarbonat darstellen, wie man es als Urtitersubstanz braucht.

4. Herstellung einer $n/_{10}$-Salzsäure.

Etwa 2 g gereinigtes Natriumkarbonat werden im Platintiegel eine halbe Stunde lang im Aluminiumblock auf 270—300° erhitzt. Das noch heiße Pulver, dessen Zusammensetzung jetzt genau der Formel Na_2CO_3 entspricht, schüttet man durch ein Trichterchen in ein zuvor gewogenes, angewärmtes, langes Wägeröhrchen mit eingeschliffenem Stopfen. Man stellt das Gläschen verschlossen im Exsikkator eine Stunde ins Wägezimmer, lüftet den Stopfen für einen Augenblick (?) und wägt es genau. Es darf hierbei nur mit reinen, trockenen Fingern angefaßt werden; wer feuchte Finger hat, bediene sich immer einer Pinzette, deren Spitzen mit dünnem Gummischlauch überzogen sind.

Inzwischen hat man einen mit Chromsäuremischung gereinigten und mit Wasser sorgfältig nachgespülten 250 ccm-Meßkolben bereitgestellt, auf welchen man einen trockenen, mit einem Uhrglas bedeckten Trichter aufsetzt. Man schüttet dann aus dem abgewogenen Wägeröhrchen eine zwischen 1,25 und 1,40 g liegende Menge Natriumkarbonat vorsichtig in den Trichter, indem man das Röhrchen über dem Trichter öffnet und schließt und den Rand mit einem kleinen, trockenen, nicht haarenden Pinsel abstäubt. Die Menge des aus dem Gläschen zu schüttenden Salzes ist leicht zu beurteilen, da man ja das Gesamtgewicht des Natriumkarbonatvorrates kennt. Zur Herstellung einer $n/_{10}$-Na_2CO_3-Lösung wären 1,325 g erforderlich. Das Wägeröhrchen legt man wieder in den Exsikkator, um es nach einigen Minuten „zurückzuwägen“ und aus der Differenz der Wägungen die angewandte Natriumkarbonatmenge zu finden. Das Salz auf dem Trichter wird vorsichtig mit reinem, mittels Methylorange auf seine neutrale Reaktion geprüftem Wasser in den Kolben hineingespült, der Trichter abgespritzt und entfernt, die entstandene Lösung gut durchgeschüttelt und genau bis zur Marke aufgefüllt. Die Sodalösung, welche danach noch gründlich durchgemischt werden muß, ist zwar nicht gerade $1/_{10}$-normal; da man aber ihren Titer genau kennt, kann man sie zum Einstellen der Salzsäure verwenden.

---

[1]) Hierbei eintretendes Schmelzen zeigt, daß die Substanz nicht aus Bikarbonat, sondern aus unverändert auskristallisierter Soda besteht.

$n/_{10}$-Salzsäure muß im Liter 3,647 g HCl enthalten. Man stellt zunächst 1200 ccm einer etwas stärkeren Säure her. Es wird zu diesem Zweck reine konzentriertere Säure soweit verdünnt, daß sie bei Zimmertemperatur (etwa 17°) die Dichte 1,100 hat, wovon man sich mit dem Aräometer überzeugt. Von dieser Säure, die etwa 20%ig ist, wägt man auf einer gewöhnlichen Wage 22,8 g (= rd. 4,6 g HCl) ab und spült sie in eine auf 1 g genau tarierte Stöpselflasche von 1,5 l Inhalt über, in welche man dann noch soviel Wasser gibt, daß das Gewicht der Lösung 1200 g beträgt. Diese wird gut durchgemischt. Sie enthält im Liter rd. 3,8 g HCl, ist also etwas stärker als $1/_{10}$-normal. Ihren Gehalt ermittelt man nun genau durch Titrieren mit der vorher dargestellten Sodalösung. Man füllt je eine Bürette mit der Soda- und Säurelösung und läßt soviel Flüssigkeit ausfließen, daß Hahn und Ablaufrohr gefüllt sind und der Meniskus genau mit der Nullmarke zusammenfällt. Dann zieht man 25 ccm der Sodalösung in einen 200 ccm-Erlenmeyer-kolben ab[1]), fügt einen Tropfen Methylorangelösung hinzu, stellt das Gefäß auf eine weiße Unterlage (Filtrierpapier) und läßt unter Um-schwenken so lange Säure aus der zweiten Bürette zur Sodalösung fließen, bis die Gelbfärbung gerade in Rosa umschlägt. Zur scharfen Erkennung dieses Punktes bedient man sich einer Vergleichsprobe (s. S. 39) von ungefähr gleichem Volum in einem ähnlichen Erlen-meyerkolben. Das Volum der verbrauchten Säure wird auf $1/_{100}$ ccm genau abgelesen. Man wiederholt die Titration noch mindestens zweimal, nachdem man die Büretten wieder bis zu den Nullmarken aufgefüllt hat. Aus drei Bestimmungen, welche um höchstens $1/_{20}$ ccm voneinander abweichen dürfen, nimmt man das Mittel.

Um sicher zu sein, daß der Neutralisationspunkt wirklich er-reicht war, füge man bei jeder Titration nach dem Ablesen des Säurevolums noch einen Tropfen Säure hinzu, durch welchen die Rosafärbung der Flüssigkeit in deutliches Rot übergehen muß. Glaubt man, bei einem Versuch zu viel Säure hinzugegeben („über-titriert") zu haben, so lasse man noch 1 ccm Sodalösung hinzu-fließen, titriere von neuem mit Säure auf Rosa und reduziere die Volume rechnerisch auf 25 ccm Sodalösung. Aus den oben bei der Besprechung des Indikators Methylorange erwähnten Gründen (?) empfiehlt es sich nicht, die Neutralisation durch Titrieren mit der Sodalösung („Zurücktitrieren") zu beenden.

Die Berechnung des Resultates der Titration soll an einem Beispiel gezeigt werden:

---

[1]) Dies geschieht hier mit der Bürette, damit man nachher „zurück-titrieren" kann. Das Abmessen der zu titrierenden Lösung mit der Pipette ist im allgemeinen genauer.

Man ermittelt zunächst den Normalitätsfaktor (s. S. 35) der Sodalösung. Es seien 1,3456 g Natriumkarbonat zur Herstellung der 250 ccm Lösung verwendet worden, d. h. 5,3824 g für ein Liter. Da eine n-Na_2CO_3-Lösung im Liter $\frac{[Na_2CO_3]}{2} = 53,00$ g Na_2CO_3 enthält, ist der Normalitätsfaktor unserer Lösung $= \frac{5,3824}{53,00} = 0,10155$; 1 ccm von ihr hat also den gleichen Sodagehalt wie 0,10155 ccm n-Sodalösung.

Bei drei Titrationen seien zur Neutralisation von je 25 ccm Sodalösung 24,97 ccm, 24,94 ccm und 24,95 ccm, im Mittel 24,95 ccm Salzsäure verbraucht worden. Diese Menge ist also 25 ccm unserer Sodalösung, daher $25 \cdot 0,10155 = 2,539$ ccm n-Sodalösung äquivalent. Von einer $^n/_{10}$-Salzsäure hätte zur Neutralisation die zehnfache Anzahl, d. h. 25,39 ccm verbraucht werden müssen. Man erhält den Normalitätsfaktor unserer Salzsäure durch Bildung des Quotienten $\frac{2,539}{24,95} = 0,10176$. Die Zahl lehrt uns, daß 1000 ccm unserer Salzsäure 101,76 ccm n-Salzsäure entsprechen, daß wir also 1000 ccm von ihr auf 1017,6 ccm zu verdünnen haben, um sie $^1/_{10}$-normal zu machen. Weil die gewöhnlichen 1 l-Meßkolben das Zugeben von soviel Flüssigkeit zu 1000 ccm nicht gestatten, führt man die notwendige Verdünnung der Salzsäure in einem sog. Wislicenus-Meßkolben von 1100 ccm Inhalt aus[1]). Bei diesem ist (s. Fig. 21) der Hals oberhalb der 1000 ccm-Marke pipettenartig erweitert und trägt noch eine zweite 1100 ccm-Marke, von welcher hier nicht Gebrauch gemacht wird. Man füllt den Kolben mit der Salzsäure genau bis zur 1000 ccm-Marke und läßt aus einer Bürette 17,6 ccm Wasser hinzufließen. Die kräftig durchgeschüttelte Flüssigkeit gießt man in eine Stöpselflasche um und überzeugt sich durch eine neue Titration mit der Sodalösung, daß der Titer der $^n/_{10}$-Salzsäure stimmt. Die Säure ist gut verschlossen aufzubewahren und vor jedem Gebrauch durchzumischen.

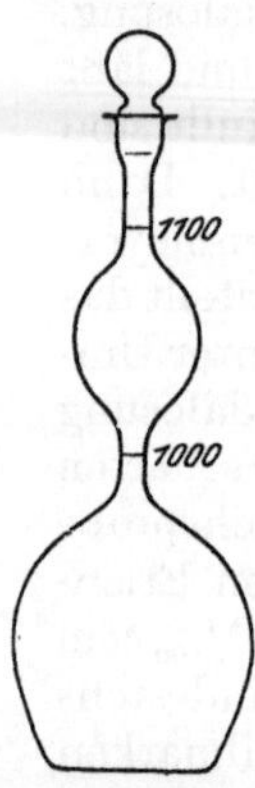

Fig. 21.
Wislicenus-
Meßkolben.

---

[1]) Hat man keinen Wislicenuskolben zur Verfügung, so kann man sich dadurch helfen, daß man einen gewöhnlichen 1 l-Meßkolben bis zur Marke mit der Lösung füllt, ihm mittels einer Pipette ein gewisses Volum, hier z. B. 50 ccm, entnimmt und die bleibenden 950 ccm mit $\frac{17,6 \cdot 950}{1000} = 16,7$ ccm Wasser verdünnt. Man begeht dabei aber einen gewissen Fehler, weil man die „auf Ausfluß" geeichte Pipette „auf Einlauf" benutzt.

Es sei noch einmal besonders darauf hingewiesen, daß alles bei Temperaturen vorgenommen werden muß, welche der Eichtemperatur der Meßgefäße naheliegen (vgl. das früher darüber Gesagte).

5. Titration einer Kalilauge.

Es ist der KOH-Gehalt einer Kalilauge zu bestimmen, die vom Assistenten ausgegeben wird. Dazu hat man diesem, wie künftig stets, sobald eine Lösung zur Analyse in Empfang genommen werden soll, eine trockene Ausgabepipette[1]) (s. Anhang) und einen 100 ccm-Meßkolben zu übergeben. Die erhaltene Lösung füllt man dann selbst auf 100 ccm auf und verwendet davon, wenn nichts anderes ausdrücklich vorgeschrieben wird, für die einzelne Bestimmung je 25 ccm. Das abzugebende Resultat ist ebenfalls auf 25 ccm zu berechnen.

Die Titration wird mit Methylorange als Indikator mittels der $n/_{10}$-Salzsäure in der schon bekannten Weise ausgeführt.

Anzugeben: KOH in 25 ccm.

6. Alkalibestimmung im kristallisierten Borax[2]).

Da Borsäure auf Methylorange nicht einwirkt, kann man Borate wie Karbonate alkalimetrisch bestimmen.

Man stellt sich durch Auflösen einer genau gewogenen Menge des gegebenen Borax zu einem bestimmten Volum eine Lösung bekannter Konzentration her und titriert 25 ccm mit $n/_{10}$-Salzsäure wie bei den vorigen Aufgaben.

Man mache es sich zur Regel, die zu analysierenden Lösungen den benutzten Maßflüssigkeiten einigermaßen äquivalent zu machen. Von festen Stoffen, deren ungefähre Zusammensetzung man kennt, wäge man entsprechende Mengen ab. Bei Lösungen unbekannten Gehaltes suche man sich, z. B. durch Messen der Dichte, über ihre Stärke annähernd zu unterrichten und verdünne sie hinreichend.

Um einen Durchschnittswert für die bei den einzelnen Kristallen schwankende Zusammensetzung des hier zu untersuchenden

---

[1]) Oder, wo derartige Pipetten nicht in Gebrauch sind, eine trockene Hahnbürette mit aufgesetztem Trichter.

[2]) Vor dieser Analyse beginne man mit der Herstellung der $n/_{10}$-Kaliumpermanganatlösung (Nr. 13) und der $n/_{10}$-Natriumthiosulfatlösung (Nr. 18), welche vor der Benutzung längere Zeit stehen müssen.

Kristallborax zu finden, gehe man von nicht zu wenig Material (rd. 20 g) aus. Auf welches Volum hat man also die Lösung aufzufüllen?

Anzugeben: % $Na_2B_4O_7$.

7. Herstellung einer $n/_{10}$-Natronlauge.

Die $n/_{10}$-Natronlauge muß 4,0008 g NaOH im Liter enthalten. Entsprechend dem Verfahren bei der Einstellung der $n/_{10}$-Salzsäure bereitet man zunächst etwa 1200 ccm einer etwas zu starken Lösung, ermittelt ihren Gehalt an NaOH durch Titration und verdünnt sie, so daß sie $1/_{10}$-normal wird[1]).

Man wägt 5,0 g Natriumhydroxyd („mit Alkohol gereinigt") auf einer gewöhnlichen Wage ab und löst es in einer tarierten Stöpselflasche in soviel Wasser, daß etwa 1200 g Lösung entstehen. Sobald sich die Lösung auf Zimmertemperatur abgekühlt hat, entnimmt man ihr für die einzelnen Titrationen mit $n/_{10}$-Salzsäure und Methylorange als Indikator mittels einer Pipette je 25 ccm, die man in einen Erlenmeyerkolben fließen läßt. Wenn drei Analysen genügend übereinstimmen, berechnet man den Normalitätsfaktor der Natronlauge und damit das Verhältnis, in welchem sie noch zu verdünnen ist. Wenn z. B. 25,94 ccm $n/_{10}$- = 2,594 ccm n-Salzsäure die 25 ccm Natronlauge neutralisierten, so ist der Normalitätsfaktor für letztere = 2,594/25 = 0,10376. Zur Umwandlung in eine $n/_{10}$-Lauge sind daher 1000 ccm im 1100 ccm-Wislicenus-Meßkolben noch mit 37,6 ccm Wasser zu verdünnen.

Man prüft den Titer der $n/_{10}$-Natronlauge noch einmal mit der $n/_{10}$-Salzsäure. Beide Lösungen sollen jetzt gerade „aufeinander einstehen", d. h. gleiche Volume müssen sich eben neutralisieren.

Es ist zu beachten, daß die so gewonnene $n/_{10}$-Lauge karbonathaltig ist. Da die Kohlensäuremenge aber nicht groß ist, stört sie den Farbenumschlag bei der Titration mit Methylorange kaum. Will oder muß man bei einer Analyse Phenolphthalein als Indikator verwenden, so müssen die Lösungen zwecks Vertreibung der Kohlensäure in siedendem Zustand zu Ende titriert werden (vgl. Aufgabe 9), oder aber man hat sich einer kohlensäurefreien Lauge zu bedienen. Als solche eignet sich Barytlösung, welche sicher karbonatfrei ist, solange sie klar bleibt. Man stellt sie her, indem man

---

[1]) Natürlich braucht man hier und bei den weiteren Maßanalysen nicht durchaus $n/_{10}$-Lösungen, sondern kann auch mit annähernd $n/_{10}$-Lösungen arbeiten, wodurch man die Herstellung der Lösungen vereinfacht, die Berechnung der Analysenresultate etwas umständlicher macht.

von käuflichem, kristallisiertem Bariumhydroxyd, $Ba(OH)_2$, $8\ H_2O$, etwa 20% mehr, als berechnet ist (wegen des hohen Karbonatgehaltes), in Wasser löst und nach mehrtägigem Stehen die klare Lösung vom Karbonatniederschlag in die mit einem Gummistopfen verschlossen zu haltende Vorratsflasche abhebert. Man bestimmt den Titer und Normalitätsfaktor der Lösung, sieht aber von einer genauen Einstellung auf $^1/_{10}$-Normalität ab, weil die Lauge dabei wieder Kohlendioxyd aufnehmen würde. — Die Barytlauge läßt sich auch durch eine mit Bariumchlorid karbonatfrei gemachte und filtrierte Natronlauge ersetzen.

8. Titration einer verdünnten Schwefelsäure.

Die gegebene Lösung ist auf ein Volum von 100 ccm zu bringen und zur Füllung der Bürette zu benutzen. Man verwendet für jede Bestimmung 20 ccm $^n/_{10}$-Natronlauge, welche man mit Methylorange als Indikator mit der Säurelösung auf Rosa titriert.
Anzugeben: H_2SO_4 in 25 ccm.

9. Titration einer verdünnten Schwefelsäure mit Phenolphthalein als Indikator.

Wie bei der vorigen Aufgabe wird die gegebene Säure auf 100 ccm verdünnt und in eine Bürette gefüllt.
Man zieht 20 ccm $^n/_{10}$-Natronlauge in eine 200 ccm-Porzellanschale ab, setzt wenige Tropfen Phenolphthalein zu und läßt soviel Schwefelsäure hinzufließen, daß die rote Flüssigkeit gerade entfärbt wird. Nun erhitzt man die Schale auf einem Drahtnetz mit freier Flamme bis zum schwachen Kochen der Lösung. Hierbei erfolgt wieder Rotfärbung, da die — auf Phenolphthalein ja kräftig wirkende — Kohlensäure ausgetrieben wird. Man entfärbt die Flüssigkeit durch vorsichtiges Zugeben von Säure, kocht sie wieder etwa eine Minute lang, setzt ihr weiter Säure zu, falls sie sich von neuem röten sollte, und wiederholt dies, bis die Lösung dauernd farblos bleibt. Weitgehendes Eindampfen ist dabei zu vermeiden; nötigenfalls ersetzt man das fortgekochte Wasser. Das Verfahren ist etwas umständlich, liefert aber sehr gute Ergebnisse. Der Farbenumschlag läßt sich, besonders bei schlechter Beleuchtung, viel leichter erkennen als bei der Titration mit Methylorange.
Anzugeben: H_2SO_4 in 25 ccm.

10. Bestimmung des Ammoniaks in einer Ammoniumchloridlösung.

Verfahren: Man treibt das Ammoniak aus der mit überschüssiger Natronlauge versetzten Ammoniumsalzlösung durch Kochen quantitativ in eine Vorlage über, welche eine bekannte, zur Neutralisation des Ammoniaks mehr als hinreichende Menge $n/_{10}$-Salzsäure enthält. Durch Zurücktitrieren der nicht gebundenen Säure mittels $n/_{10}$-Natronlauge ist das überdestillierte Ammoniak zu bestimmen.

Ausführung: Der gegebenen, auf 100 ccm aufgefüllten Lösung entnimmt man für jede Bestimmung mit einer Pipette 25 ccm: Man läßt diese in einen 500 ccm-Rundkolben fließen, auf welchem man mittels eines dicht schließenden, durchbohrten Gummistopfens

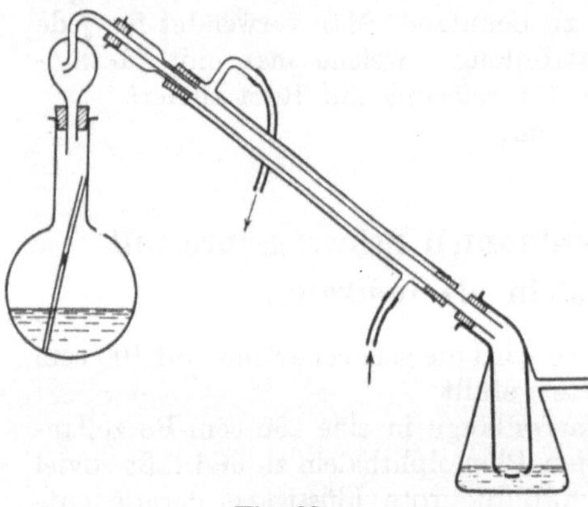

einen Destillationsaufsatz befestigt, welcher verhütet, daß bei der Destillation Tröpfchen der alkalischen Flüssigkeit vom Dampfstrom in den Kühler und die Vorlage mitgerissen werden (s. Fig. 22).

Zwei andere Gummistopfen verbinden das Rohr des Vorstoßes mit einem Liebigschen Kühler und diesen mit einer geeigneten Vorlage, die ein Zurücksteigen des Destillates

Fig. 22.
Apparat für die Destillation des Ammoniaks.

verhindert. In die Vorlage gibt man genau 50 ccm $n/_{10}$-Salzsäure und so viel Wasser, daß die innere Öffnung abgeschlossen ist.

Nachdem der Apparat aufgebaut ist, verdünnt man die Flüssigkeit im Rundkolben mit etwa 200 ccm Wasser und stellt zur Herbeiführung gleichmäßigen Siedens eine Siedekapillare[1]) hinein. Man verfertigt diese, indem man aus einem Glasrohr eine Kapillare von 15—20 cm Länge und rd. 2 mm Dicke auszieht und sie in

---

[1]) Ähnliche Dienste leisten einige Scherbchen unglasiertes Porzellan (Siedesteinchen) oder ein Stückchen Zink, welches in der Lauge langsam Wasserstoff entwickelt. Zink darf nicht verwendet werden, wenn die Ammoniumsalzlösung Nitrate oder dgl. enthält, weil diese sonst zu Ammoniak reduziert würden.

der Mitte zuschmilzt. Jetzt läßt man 5 g reines Ätznatron[1]) in den Kolben gleiten, verbindet ihn sogleich wieder mit dem Aufsatz und schwenkt ihn bis zur Lösung des Alkalis vorsichtig um. Dann erwärmt man ihn auf einem Drahtnetz mit dem Bunsenbrenner (Schornstein!) und kocht die Flüssigkeit auf etwa die Hälfte ein. Man regelt, nachdem die Luft aus dem Kolben verdrängt ist, die Destillationsgeschwindigkeit so, daß die Säure in der Vorlage im Innenrohr etwas höher steht als außen; ein Entweichen von Ammoniak ist dabei ausgeschlossen.

Wenn die Destillation beendet ist, unterbricht man die Verbindung zwischen Aufsatz und Kühler, spült das Kühlerrohr in die Vorlage hinein aus und nimmt diese ab. Ihr Inhalt wird in ein 500-ccm-Becherglas übergeführt und mit Methylorange als Indikator titriert. Man läßt zunächst $n/_{10}$-Natronlauge bis zur deutlichen Gelbfärbung hinzufließen und titriert mit einigen Tropfen $n/_{10}$-Salzsäure auf Rosa zurück. Indem man die hierbei verbrauchte Salzsäure den zuerst vorgelegten 50 ccm zuzählt und von dem Gesamtvolum das Volum der verbrauchten Natronlauge abzieht, erhält man die Anzahl Kubikzentimeter Säure, welche durch das Ammoniak neutralisiert worden sind.

Anzugeben: NH_4 in 25 ccm.

11. Bestimmung von Natrium-Karbonat neben -Hydroxyd.

Verfahren: Man bestimmt in einem Teil der NaOH und Na_2CO_3 enthaltenden Lösung den gesamten Alkaligehalt durch Titration mit $n/_{10}$-Salzsäure und Methylorange. Ein anderer Teil dient zur Titration des freien Alkalis. Man versetzt ihn mit einem Überschuß von Bariumchloridlösung; dabei wird alles in der Lösung vorhandene Karbonat nach der Gleichung

$$Na_2CO_3 + BaCl_2 = BaCO_3 + 2\,NaCl$$

als unlösliches Bariumkarbonat ausgefällt, während an der Menge des in Lösung befindlichen Hydroxydes nichts geändert wird. Man titriert die alkalische Lösung, ohne sie zu filtrieren, in der Kälte mit $n/_{10}$-Salzsäure und Phenolphthalein als Indikator. Sie entfärbt sich, sobald alles Hydroxyd neutralisiert ist. Bedingung für gutes Gelingen der Analyse ist, daß man die Salzsäure sehr langsam zu der kräftig umgerührten oder geschüttelten Lösung fließen läßt, da sie andernfalls Bariumkarbonat auflösen

---

[1]) Handelt es sich um eine stark saure Lösung, so neutralisiert man sie zunächst mit Natronlauge, nachdem man einen Tropfen Lackmustinktur zugesetzt hat.

würde. Die Möglichkeit, die Titration so vorzunehmen, erklärt sich dadurch, daß auch die Kohlensäure, welche aus dem Bariumkarbonat freigemacht wird, sobald etwas mehr als die zur Neutralisation der freien Base erforderliche Menge Salzsäure hinzugegeben ist, in der Kälte das Phenolphthalein entfärbt.

Ausführung: Jede Titration ist zweimal mit je 20 ccm der auf 100 ccm aufgefüllten gegebenen Lösung auszuführen. Das zum Auffüllen benutzte Wasser wird zuvor durch Auskochen vom gelösten Kohlendioxyd befreit und wieder abgekühlt. Ohne diese Vorsichtsmaßregel erhält man ganz verkehrte Ergebnisse.

Die Bestimmung des Gesamtalkalis erfolgt wie bei den früheren Analysen.

Die Titration des freien Alkalis nimmt man in einem Erlenmeyerkolben vor. Zu den 20 ccm Lösung fügt man zunächst eine neutral reagierende Auflösung von 0,5 g Bariumchlorid in 5 ccm Wasser und einige Tropfen Phenolphthaleinlösung. Bei der Titration läßt man die $n/_{10}$-Salzsäure äußerst langsam, zum Schluß nur tropfenweise, zufließen und schüttelt den Kolben fortgesetzt kräftig, so daß sein Inhalt wirklich durcheinandergemischt, nicht nur in Drehung versetzt wird. Das Verschwinden der Rotfärbung zeigt das Ende der Titration an.

Die Differenz des gesamten und des freien Alkalis ergibt die Menge der an Kohlensäure gebundenen Base.

Anzugeben: Na_2CO_3, $NaOH$ in 25 ccm.

Oxydations- und Reduktionsverfahren.

Das Wesen der Oxydations- und Reduktions-Maßanalysen beruht darauf, daß der zu bestimmende Stoff eine Oxydation oder Reduktion erfährt, deren Vollständigkeit leicht zu erkennen ist. Es werden dabei, wie schon oben auseinandergesetzt worden ist, Lösungen als normal bezeichnet, von denen 1 l 8,000 g Sauerstoff (äquivalent 1,008 g Wasserstoff) abzugeben oder aufzunehmen vermag.

Die wichtigsten hierher gehörenden Verfahren sind die Permanganatverfahren und die Jodometrie, die im folgenden auch allein besprochen und geübt werden.

Die Permanganatverfahren (Manganometrie).

Als Titerflüssigkeit dient bei den Permanganatverfahren hier eine $n/_{10}$-Kaliumpermanganatlösung. $KMnO_4$ wirkt in saurer

Lösung, wie es fast ausschließlich benutzt wird, als kräftiges Oxydationsmittel, indem es selbst zu Mangan(2)-Salz reduziert wird. Da dieses in genügender Verdünnung farblos erscheint, verschwindet die kräftige Permanganatfarbe, wenn man Permanganatlösung zu der Lösung einer oxydierbaren Substanz fließen läßt. Ist letztere aber vollständig oxydiert, so bewirkt schon der erste weiter zugesetzte Tropfen $n/_{10}$-$KMnO_4$-Lösung eine deutlich erkennbare Rosafärbung[1]) der Flüssigkeit. Ein Indikator ist dabei also unnötig.

Die Reaktionsgleichung lautet

$$2\ KMnO_4 + 3\ H_2SO_4 = 2\ MnSO_4 + K_2SO_4 + 3\ H_2O + 5\ O$$

oder in einfacherer Form

$$Mn^{VII} = Mn^{II} + 5 \oplus,$$

d. h. das siebenwertige Manganatom geht unter Abgabe von 5 positiven elektrischen Ladungen in ein zweiwertiges Manganatom über. Im Sinn der chemischen Auffassung der Elektrizität ist einem Wasserstoffatom eine positive Ladung äquivalent; auch diese Überlegung führt zu dem schon früher gezogenen (S. 34) Schluß, daß eine normale $KMnO_4$-Lösung im Liter $1/_5$ Grammatom Mangan, also $\dfrac{[KMnO_4]}{5} = 31{,}61$ g Permanganat, eine $1/_{10}$-normale Lösung $3{,}161$ g $KMnO_4$ enthalten muß.

Bei allen Titrationen mit $KMnO_4$ hat man der Reinheit des verwendeten Wassers große Aufmerksamkeit zu widmen, da verschiedene Stoffe, z. B. organische Substanzen (Staub u. dgl.), Ammoniak, Schwefelwasserstoff, welche als Verunreinigungen in fast jedem Wasser, wenn auch in kleinen Mengen, vorhanden sind, vom Permanganat oxydiert werden. Auch bei der Herstellung der $n/_{10}$-$KMnO_4$ Lösung sind deshalb besondere Vorsichtsmaßregeln zu beobachten (vgl. Aufgabe 13).

Titrationen mit $KMnO_4$ werden am besten in schwefelsaurer Lösung vorgenommen; bei Gegenwart von Salzsäure wird unter Umständen auch diese zu Chlor oxydiert. Die Erscheinung läßt sich durch Zugeben von viel Mangan(2)-Salz zur Lösung vermeiden. Bei Aufgabe 15 wird hierauf näher eingegangen.

Im folgenden sind eine Reihe von Stoffen zusammengestellt, welche mit Hilfe der Permanganatverfahren bestimmt werden können. Einzelheiten über die verschiedenen Verfahren, von denen einige später praktisch auszuführen sind, findet man in den Lehrbüchern. An dieser Stelle soll nur auf die große Vielseitigkeit in der Anwendung der Manganometrie hingewiesen werden:

---

[1]) Selbst noch bei $n/_{20}$-Lösungen, wie sie in der Technik vielfach gebraucht werden.

Oxalsäure, salpetrige Säure, Salpetersäure, Ameisensäure, Chlorsäure, Schwefelwasserstoff, Chromsäure, Perkohlensäure, Perschwefelsäure, Wasserstoffperoxyd, Eisen, Kaliumeisen(2)- und eisen(3)-Zyanid, zweiwertiges Mangan, Kalzium, Uran, Cer, Titan, Braunstein, Mennige, Hydroxylamin, Traubenzucker u. a.

Als Urtitersubstanzen für die erste Einstellung der $n/_{10}$-$KMnO_4$-Lösung sind u. a. Oxalsäure, Natriumoxalat, reines metallisches Eisen und Eisen(2)-Ammoniumsulfat (Mohrsches Salz) zu verwenden. Hier benutzt man Oxalsäure zu diesem Zweck; die Oxalsäurelösung läßt sich alkalimetrisch titrieren, so daß sie eine Brücke von den Neutralisations- zu den Permanganatverfahren bildet.

12. Herstellung einer $n/_{10}$-Oxalsäurelösung als Urtiterlösung.

Man stellt eine $n/_{10}$-Oxalsäurelösung aus reiner kristallisierter Oxalsäure, $H_2C_2O_4$, $2\,H_2O$, her. Da die Oxalsäure zweibasisch ist, muß 1 l Lösung $\dfrac{[H_2C_2O_4,\ 2\,H_2O]}{20} = 6{,}302$ g Säure enthalten. Diese Säure ist auch als Reduktionsmittel $1/_{10}$-normal (vgl. S. 54). Man verwende die reinste käufliche Säure und prüfe sie auf Verunreinigungen, als welche hauptsächlich Alkali- und Kalziumoxalat in Betracht kommen. Wenn sich 2 g, in einem gewogenen Platintiegel vorsichtig erhitzt, ohne wägbaren Rückstand verflüchtigen, kristallisiert man 50 g einmal aus heißem Wasser um; andernfalls ist eine wirksamere Reinigung vorzunehmen. Man löst hierzu 100 g Säure in einem 300 ccm-Rundkolben in 125 g siedender Salzsäure (D = 1,04). Um ein Springen des Kolbens zu verhüten, erhitzt man hier, wie in ähnlichen Fällon immer, das Lösungsmittel zum Sieden und trägt dann erst die feingepulverte Substanz ein, wobei man beim ersten Zugeben vorsichtig sein muß, weil die Flüssigkeit dabei oft aufkocht. Die heiße Lösung filtriert man durch ein in einem erwärmten Trichter liegendes Faltenfilter in ein 300 ccm-Becherglas, stellt dieses in Eis und veranlaßt durch kräftiges Rühren die Bildung möglichst kleiner Kristalle. Sobald deren Abscheidung beendet ist, saugt man sie (vgl. Aufgabe 3) ab und wäscht sie zunächst mit kalter Salzsäure, dann einige Male mit kleinen Mengen eiskalten Wassers. Darauf kristallisiert man sie so lange aus möglichst wenig siedendem Wasser um, indem man sie jedesmal mit kaltem Wasser nachwäscht, bis eine Probe von etwa $1/_2$ g in salpetersaurer Lösung mit Silbernitrat keine Trübung mehr gibt. Gleichzeitig wiederholt man die Prüfung auf vollständige Flüchtigkeit. Fällt sie nach Wunsch aus, so breitet man die gesamte Menge in dünner Schicht aus und läßt sie 24 Stunden unter gelegentlichem Umrühren vor Staub geschützt an freier Luft stehen. Dann bringt man etwa 7 g davon auf ein genau gewogenes Uhrglas, wägt es wieder, läßt es weitere 24 Stunden an der Luft stehen und wägt es von neuem. Man setzt das Trocknen bis zur Gewichtskonstanz fort (eine Gewichtsänderung von wenigen Zehntel-Milligrammen ist zu vernachlässigen). Die Zusammensetzung der Kristalle entspricht dann der Formel $H_2C_2O_4$, $2\,H_2O$. Man wägt davon 6,302 g in einem Becherglas ab, löst sie in Wasser und gießt und spült die Lösung vorsichtig durch einen Trichter in einen 1000 ccm-Meßkolben. Das hierbei verwendete Wasser ist zuvor mit Kaliumpermanganat versetzt und destilliert worden (s. die folgende Aufgabe). Man bringt die Lösung genau auf 1 l. Der Rest der Oxalsäure wird genügend lange an der Luft getrocknet und in einer gut verschlossenen Stöpselflasche aufbewahrt. Man prüft den Titer der $^n/_{10}$-Oxalsäurelösung, indem man mit ihr 25 ccm $^n/_{10}$-Natronlauge mit Phenolphthalein als Indikator nach Aufgabe 9 titriert. Bei längerem (monatelangem) Stehen verringert sich der Titer der Oxalsäurelösung etwas; haltbarer sind mit Schwefelsäure versetzte Lösungen.

13. Herstellung einer $^n/_{10}$-Kaliumpermanganatlösung.

Wie früher stellt man zunächst eine etwas zu starke Lösung her, titriert sie mit $^n/_{10}$-Oxalsäurelösung und verdünnt sie auf $^1/_{10}$-Normalität.

Das Wasser, welches dabei Verwendung finden soll, wird erst gereinigt. In einen 3 l-Rundkolben, dessen Halsende trichterförmig gestaltet ist, s. Fig. 23[1]), gibt man $2^1/_2$ l destilliertes Wasser, löst etwa 5 g $KMnO_4$ und 2 g Ätznatron darin auf und erhitzt es zum Sieden (Siedesteinchen!). Mittels des gebogenen, den Trichter gerade verschließenden

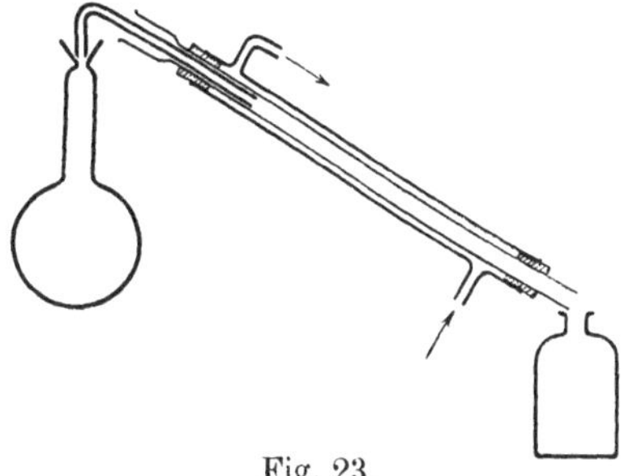

Fig. 23.
Apparat zur Herstellung reinen Wassers.

Glasrohres verbindet man den Kolben mit dem absteigenden Kühler. Das Rohr muß ein Stück in den wasserumflossenen Teil des Kühlerrohres hineinreichen (?). In dem Trichter kondensiert

---

[1]) Der Kühler ist in Fig. 23 zur Erhöhung der Deutlichkeit verhältnismäßig größer gezeichnet als Kolben und Flasche.

sich etwas Wasser, so daß ein genügender Abschluß ohne jeden Stopfen erreicht wird (der Apparat ist vom Assistenten zu entleihen). Als Vorlage dient eine 3 l-Stöpselflasche, welche man mit Chromsäuregemisch und destilliertem Wasser gereinigt hat. Die ersten 100 ccm des überdestillierenden Wassers verwirft man, nachdem man sie zum Ausspülen der Flasche benutzt hat. Die Destillation wird unterbrochen, wenn noch etwa 50—100 ccm Wasser im Kolben sind. Das destillierte, reine[1]) Wasser, welches unbeschadet seiner Brauchbarkeit durch mitgerissene Tröpfchen der Permanganatlösung in der dicken Schicht eben erkennbar rosa gefärbt sein kann, wenn etwas schnell destilliert wurde, hebt man gut verschlossen auf und schützt es vor Berührung mit organischen Stoffen. Die Destillation wird noch einmal zur Gewinnung des Wassers wiederholt, welches bei der Bereitung der $n/_{10}$-Oxalsäurelösung (Aufgabe 12) gebraucht wird.

Man löst rd. 7,2 g des käuflichen, meist recht reinen Kaliumpermanganates in einer $2^1/_2$ l-Stöpselflasche, die man mit Chromsäure und dem reinen Wasser ausgespült hat, in 2200 g[2]) reinem Wasser (d. h. im Liter rd. 3,3 g; eine $n/_{10}$-Lösung erfordert 3,161 g). Man filtriert die Lösung durch Asbest, den man zuvor mit Permanganatlösung ausgekocht hat, in eine zweite $2^1/_2$ l-Stöpselflasche und läßt sie darin 48 Stunden stehen, damit aller etwa aus den Permanganatkristallen herstammende Staub oxydiert wird. Nach Ablauf dieser Zeit füllt man eine Bürette mit der Lösung. Permanganatlösungen dürfen nur in Glashahnbüretten benutzt werden, deren Hahn mit möglichst wenig Vaselin gefettet ist (?). Nach dem Gebrauch sind die Büretten sofort zu entleeren und mit Salzsäure und Wasser auszuspülen (?).

Jetzt bestimmt man den Gehalt der $KMnO_4$-Lösung mit Hilfe der $n/_{10}$-Oxalsäurelösung. Zwischen beiden vollzieht sich bei Gegenwart von Schwefelsäure die Reaktion

$$5\,H_2C_2O_4 + 2\,KMnO_4 + 3\,H_2SO_4 = 10\,CO_2 + K_2SO_4 + 2\,MnSO_4 + 8\,H_2O;$$

eine $n/_{10}$-$KMnO_4$-Lösung oxydiert also das gleiche Volum der $n/_{10}$-Oxalsäurelösung. Man gibt 25 ccm Oxalsäurelösung in einen 300 ccm-Erlenmeyerkolben, fügt 10 ccm 20%ige Schwefelsäure hinzu, verdünnt mit etwa 75 ccm reinem, siedend heißem Wasser und läßt sofort unter. Umschütteln nicht zu schnell[3]) so lange

---

[1]) „Reines" Wasser bezeichne in diesem Abschnitt das über $KMnO_4$ destillierte.

[2]) Man stellt gleich 2 l der $n/_{10}$-Lösung her, da sie später noch wiederholt gebraucht wird.

[3]) Bei zu schnellem Zugeben der Permanganatlösung kann sich Mangandioxyd abscheiden, welches nicht mehr zu entfernen ist. Dies ist bei allen Titrationen mit Permanganat zu beachten.

Permanganatlösung hinzufließen, bis die Flüssigkeit schwach rosa bleibt. Die ersten Tropfen Permanganatlösung werden nur langsam entfärbt; später verläuft die Reaktion sehr glatt.

Die Berechnung des Resultates und die Herstellung der $n/_{10}$-$KMnO_4$-Lösung durch Verdünnen in einem 1100 ccm-Wislicenus-Meßkolben erfolgt entsprechend den früheren ähnlichen Aufgaben. Man bereitet sich sogleich ein zweites Liter $n/_{10}$-Lösung (s. o.).

Die $n/_{10}$-$KMnO_4$-Lösung bewahrt viele Monate hindurch ihren Titer unverändert, wenn man sie vor Verunreinigungen schützt.

14. Bestimmung des Eisens im Blumendraht.

Verfahren: Eines der wichtigsten Permanganatverfahren ist die Bestimmung des Eisens. Dieses wird, wenn es in zweiwertiger Form vorliegt, durch Permanganat nach der Gleichung

$$10\,FeSO_4 + 2\,KMnO_4 + 8\,H_2SO_4 = 5\,Fe_2(SO_4)_3 + 2\,MnSO_4 + K_2SO_4 + 8\,H_2O$$

quantitativ zur Eisen(3)-Form oxydiert. Metallisches Eisen bestimmt man, nachdem es in Schwefelsäure aufgelöst ist, wobei ja eine Eisen(2)-Lösung entsteht. Will man den Fe-Gehalt einer Eisen(3)-Lösung ermitteln, so hat man sie vorher zur Umwandlung des Eisens in die Eisen(2)-Form mit einem geeigneten Reduktionsmittel, z. B. Zinn(2)-Chlorid zu behandeln.

Der sog. Blumendraht ist eine verhältnismäßig reine Sorte Eisen, mit nur wenigen Zehnteln Prozent Verunreinigungen (in erster Linie Kohlenstoff)[1]. Weil diese Beimengungen teilweise ebenfalls durch Permanganat oxydiert werden, findet man bei der Analyse etwas mehr Eisen, als wirklich vorhanden ist. Das Verfahren ist also richtiger als „Bestimmung des scheinbaren Eisengehaltes" zu bezeichnen. Es hat praktische Bedeutung, weil man eine bestimmte Probe Draht, dessen scheinbarer Eisengehalt einmal mit einer frisch hergestellten $n/_{10}$-Permanganatlösung ermittelt ist, benutzen kann, um deren Titer von Zeit zu Zeit bequem und schnell nachzuprüfen. Natürlich ist ein solcher Draht auch bei der Einstellung einer neuen $n/_{10}$-Permanganatlösung zu verwenden.

Ausführung: Man reinigt den Draht, indem man ihn mit Schmirgelpapier abreibt und mit Filtrierpapier abwischt, solange dieses noch gefärbt wird. Etwa 0,15 g werden dann genau abgewogen und in einem 200 ccm-Rundkolben mit 50 ccm 15—20%iger Schwefelsäure übergossen. Man beschleunigt die unter Wasserstoff-

---

[1] Ein besonders reiner „Eisendraht zur Titerstellung" mit 99,8 bis 99,9% Eisengehalt ist von C. Gerhardt, Bonn a. Rh., zu beziehen.

entwicklung verlaufende Auflösung des Eisens durch Erwärmen und hält, wenn das Eisen gelöst ist (meist bleiben einige Kohlenstofflocken zurück), die Flüssigkeit fünf Minuten in schwachem Sieden, wobei man den Kolben schräg in einem Stativ befestigt. Nachdem auf diese Weise die beim Lösen des Drahtes entstandenen Kohlenwasserstoffe entfernt sind, kühlt man die Lösung unter fließendem Wasser schnell ab und titriert die noch handwarme Flüssigkeit sofort[1]) mit Permanganatlösung unter vorsichtigem Umschwenken des Kolbens bis zu bleibender Rosafärbung, deren Erkennung man durch eine weiße Papierunterlage erleichtert.

Anzugeben: % Fe im Draht.

15. Bestimmung des Eisens in einer salzsauren Eisen(3)-Lösung.

Verfahren: Das Eisen wird mit Zinn(2)-Chloridlösung zur Eisen(2)-Form reduziert und mit Permanganat titriert, nachdem das überschüssige Zinn(2)-Chlorid mittels Quecksilber(2)-Chloridlösung oxydiert (?) worden ist. Ohne weitere Vorsichtsmaßregeln würde durch das Permanganat auch ein Teil der Salzsäure oxydiert werden. Da Permanganat auf verdünnte Salzsäure bei Abwesenheit von Eisen(2)-Salz nicht einwirkt, muß man schließen, daß bei der Reaktion vorübergehend entstehende, alsbald wieder zerfallende höhere Oxydstufen des Eisens[2]) Chlorwasserstoff zu Chlor oxydieren. Diese die Analyse störende Nebenreaktion wird ausgeschaltet, wenn man die zu titrierende Eisenlösung mit einem großen Überschuß von Mangan(2)-Salz, am zweckmäßigsten Mangan(2)-Sulfat, versetzt. Die Wirkung des Mangan(2)-Salzes erklärt sich wahrscheinlich dadurch, daß es das höher oxydierte Eisen reduziert, ehe dieses Chlorwasserstoff oxydieren kann. Das nach dieser Annahme entstehende höhere Manganoxyd zerfällt offenbar alsbald wieder, indem es seinen Sauerstoff an weiteres zweiwertiges Eisen abgibt. Mit Sicherheit sind diese flüchtigen, der Beobachtung schwer zugänglichen Zwischenreaktionen nicht bekannt.

Die gelbe Farbe des entstehenden Eisen(3)-Chlorides erschwert die Erkennung des Endpunktes der Titration erheblich. Dagegen läßt sich das Auftreten der Rosafärbung mit fast derselben Schärfe wie bei salzsäurefreien Lösungen beobachten, wenn man der Flüssigkeit eine reichliche Menge Phosphorsäure zusetzt, wodurch

---

[1]) Weil sie sich bei längerem Stehen an der Luft merklich oxydieren würde.

[2]) Die Bildung solcher „Primäroxyde" ist für viele ähnliche Reaktionen nachgewiesen oder wahrscheinlich gemacht.

die gelbe Lösung infolge Bildung farbloser Eisen-Komplexsalze entfärbt wird.

Ausführung: Von der gegebenen, auf 100 ccm aufgefüllten salzsauren Eisen(3)-Lösung verwendet man für jede Titration 25 ccm. Diese versetzt man in einem 1 l-Becherglas mit 25 ccm 2 n-Salzsäure. Zu der zum Sieden erhitzten Lösung gibt man tropfenweise Zinn(2)-Chloridlösung (25 g reines kristallisiertes $SnCl_2$, $2 H_2O$; mit 10 ccm Salzsäure von der Dichte 1,19 versetzt, mit Wasser auf 100 ccm gebracht) bis zur völligen Entfärbung. Nach dem Zusetzen des Reduktionsmittels wartet man jedesmal einige Sekunden; ein größerer Überschuß an Zinnchlorid ist zu vermeiden. Die farblose Flüssigkeit wird mit 100 ccm Wasser und 10 ccm kaltgesättigter Quecksilber(2)-Chloridlösung versetzt, wobei sich nur weißes, seidenglänzendes Quecksilber(1)-Chlorid, nicht aber graues Quecksilber abscheiden darf (?), mit Wasser auf etwa 750 ccm verdünnt und nach Zugeben von 10 ccm 20%iger Mangan(2)-Sulfatlösung und 10 ccm 2 n-Schwefelsäure titriert. Man läßt die Permanganatlösung unter Umrühren mit einem Glasstab in vollem Strahl in die Flüssigkeit fließen, bis diese deutlich gelb gefärbt ist, setzt dann 15 ccm der käuflichen 25%igen Phosphorsäurelösung und weiter langsam Permanganatlösung hinzu, bis die Rosafärbung eine halbe Minute lang bestehen bleibt. Bei längerem Warten verschwindet die Farbe wieder infolge der Einwirkung des Permanganates auf das Quecksilber(1)-Chlorid.

Bei der Titration stärker salzsaurer Lösungen sind entsprechend größere Mengen von Mangan(2)-Sulfat und Phosphorsäure zuzusetzen.

Zur Reduktion der Eisen(3)-Salzlösungen lassen sich auch andere Reduktionsmittel, z. B. naszierender, durch metallisches Zink entwickelter Wasserstoff oder Schwefelwasserstoff, verwenden.

Anzugeben: Fe in 25 ccm.

16. Bestimmung des zwei- und dreiwertigen Eisens im Magneteisenstein (Fe_3O_4).

Verfahren: In einer Lösung, welche Eisen(2)- und Eisen(3) Salz enthält, läßt sich die Menge des ersteren unmittelbar, diejenige des gesamten Eisens nach der vollständigen Reduktion bestimmen. Die Differenz beider Zahlen ergibt den Gehalt der Lösung an dreiwertigem Eisen. Dieses Verfahren wird hier zur Analyse des in Säuren löslichen Magnetits benutzt.

Ausführung: Das Erz wird (s. den allgemeinen Teil) im Diamantmörser zerstoßen und im Achatmörser in kleinen Portionen zu staubfeinem Pulver verrieben, bis keine metallisch glänzenden Teilchen mehr darin zu erkennen sind. Nur bei sehr feiner Zerteilung löst sich das Mineral schnell und vollständig in Säure. Das Pulver, von welchem man $1^1/_2$ bis 2 g herstellt, wird im Exsikkator aufgehoben.

Man wägt etwa 0,3 g des Minerals aus einem Wägeröhrchen in einen 200 ccm-Rundkolben hinein und übergießt es mit 40 ccm konzentrierter (8 n-) Salzsäure, in welche man einige Sodakristalle wirft, um die Hauptmenge der Luft aus dem Kolben zu verdrängen. Man stellt den Kolben schräg, erhitzt die Flüssigkeit zu schwachem Sieden, bis keine oder nur wenige ungefärbte Teilchen (Gangart) ungelöst vorhanden sind, kühlt sie wieder ab und titriert sie nach Zugeben von 30 ccm Mangan(2)-Sulfatlösung, 25 ccm Phosphorsäurelösung und Schwefelsäure (vgl. Nr. 15).

Zur Bestimmung des Gesamteisens löst man ungefähr 0,2 g Pulver in 50 ccm 10%iger Salzsäure auf und führt die Analyse wie bei Aufgabe 15 durch.

Anzugeben: % Fe^{II} und % Fe^{III}.

17. Titration einer Wasserstoffperoxydlösung.

Die Reaktionsgleichung lautet

$$5\,H_2O_2 + 2\,KMnO_4 + 3\,H_2SO_4 = 5\,O_2 + 2\,MnSO_4 + K_2SO_4 + 8\,H_2O\,.$$

Man verdünnt 10 ccm der gegebenen Wasserstoffperoxydlösung auf 100 ccm, versetzt 10 ccm dieser Lösung in einem 300 ccm-Erlenmeyerkolben mit etwa 100 ccm Wasser und 10 ccm Schwefelsäure (1 : 1) und titriert sie.

Anzugeben: %-Gehalt der Lösung[1]) an H_2O_2.

Die Permanganatlösung ist für spätere Analysen aufzuheben.

Die Jodometrie.

Die Jodometrie beruht auf der Reaktion zwischen freiem Jod und Natriumthiosulfat, wobei sich nach der Gleichung

$$2\,Na_2S_2O_3 + 2\,J = Na_2S_4O_6 + 2\,NaJ$$

Jodid und Tetrathionat bilden. Da die Farbe einer verdünnten Jodlösung so schwach ist, daß sie nicht erlaubt, den Endpunkt der Reaktion ohne weiteres zu erkennen, benutzt man als Indikator

---

[1]) Deren Dichte gleich derjenigen des reinen Wassers angenommen werden kann.

Stärkelösung. Diese gibt mit sehr verdünnten Jodlösungen bei Gegenwart von Jodid eine so starke Blaufärbung, daß sie einer der empfindlichsten in der Maßanalyse verwendeten Indikatoren ist.

Man titriert auch bei der Jodometrie fast immer mit $^n/_{10}$-Lösungen. Die $^n/_{10}$-J-Lösung, eine Auflösung von Jod in Kaliumjodidlösung, enthält $\frac{[J]}{10} = 12{,}69$ g Jod, die $^n/_{10}$-Natriumthiosulfatlösung $\frac{[Na_2S_2O_3, 5 H_2O]}{10} = 24{,}82$ g $Na_2S_2O_3$, 5 H_2O im Liter.

Die Jodometrie gestattet, ähnlich wie die Manganometrie, außerordentlich vielseitige Anwendungen. Stoffe, welche Jodwasserstoff zu Jod oxydieren oder Jod zu Jodwasserstoff reduzieren, können jodometrisch bestimmt werden. Um einen Überblick über den Umfang der jodometrischen Verfahren zu ermöglichen, sind im folgenden eine Anzahl Beispiele für den ersten und zweiten Fall zusammengestellt. Der Jodometrie sind zugänglich: Freie Halogene, Bromide, Jodide, Hypochlorite, Chlorate, Chromate, Permanganate, Peroxyde und viele andere hohe Oxyde, Ozon, Eisen(3)-Salze, Kupfer(2)-Salze; Schwefelwasserstoff, schweflige Säure, Arsentrioxyd, Antimontrioxyd, Zinn(2)-Salze, Formaldehyd u. a.

Die Einstellung der Ausgangslösungen kann z. B. erfolgen, indem man den Titer der Jodlösung mit reinem Arsentrioxyd als Urtitersubstanz ermittelt oder indem man zunächst die Thiosulfatlösung einstellt. Als Urtitersubstanzen sind im letzteren Falle reine Stoffe zu benutzen, welche die Gewinnung einer Jodlösung von bekanntem Gehalt, meist durch Oxydation überschüssigen Jodwasserstoffes, erlauben. Dafür sind außer gereinigtem, sublimiertem Jod auch Kaliumjodat, Kaliumdichromat und Kaliumpermanganat brauchbar.

Weil man eine $^n/_{10}$-KMnO$_4$-Lösung besitzt, bedient man sich ihrer hier zur Titerstellung der $^n/_{10}$-Na$_2$S$_2$O$_3$-Lösung. Auf diese Weise werden manganometrische und jodometrische Methoden miteinander verknüpft. Da ferner die Manganometrie durch die Oxalsäurelösung mit den Neutralisationsverfahren in Verbindung steht, bildet das bei diesen benutzte Natriumkarbonat die Urtitersubstanz für die gesamte Maßanalyse, soweit sie bisher besprochen ist.

18. Herstellung einer $^n/_{10}$-Natriumthiosulfatlösung.

Man stellt zunächst wieder eine etwas zu konzentrierte Thiosulfatlösung her, ermittelt ihren Titer und verdünnt sie auf $^1/_{10}$-Normalität. Die Titration erfolgt mit Hilfe einer Jodlösung von bekanntem Gehalt, welche man durch Zusammenbringen der $n/10$-KMnO$_4$ Lösung mit überschüssigem Jodwasserstoff nach der Gleichung

$$5\,HJ + KMnO_4 + 3\,HCl = 5\,J + MnCl_2 + KCl + 4\,H_2O$$

erhält.

Man löst 31 g reines Natriumthiosulfat, welches chlorid- und sulfatfrei sein soll (Prüfung!), zu 1200 ccm (im Liter also rd. 26 g; die $n/10$-Lösung erfordert 24,82 g). Ist das zur Verfügung stehende Thiosulfat nicht rein genug, so kristallisiert man davon zunächst 50 g einmal aus heißem Wasser um und trocknet es in dünner Schicht zwischen Filtrierpapier 24 Stunden an freier Luft. Die Thiosulfatlösung läßt man mindestens 48 Stunden stehen, ehe man sie weiterbehandelt. Infolge der Einwirkung der in ihr gelösten Kohlensäure auf das Thiosulfat (?) verändert sie ihren Gehalt an letzterem in den ersten Tagen ein wenig, während sie dann titerbeständig ist.

Die als Indikator erforderliche Stärkelösung stellt man sich am bequemsten durch Auflösen von 1 g der käuflichen „löslichen Stärke" in 200 ccm kochendem Wasser und Filtrieren her. Um Gärung zu verhüten, sterilisiert man die Lösung durch 0,1 g Sublimat oder eine Spur Quecksilber(2)-Jodid.

Hat man „lösliche Stärke" nicht zur Verfügung, so verreibt man 3 g gewöhnliche Stärke möglichst fein, rührt sie mit kaltem Wasser zu einem gleichmäßigen Brei an und gießt diesen in $1/2$ l kochendes Wasser. Man unterbricht das Kochen nach einigen Minuten und filtriert die Lösung nach längerem Stehen durch ein Faltenfilter. Mit etwas Zinkchloridlösung läßt sie sich haltbarer machen. Sie muß durch Spuren Jod rein blau gefärbt werden. Man verwendet für die einzelne Titration etwa 1 ccm Stärkelösung.

Zur Einstellung der Thiosulfatlösung löst man rd. 2 g reines Kaliumjodid in einem 300 ccm-Erlenmeyerkolben in 50 ccm Wasser und säuert die Lösung mit 10 ccm 10%iger Salzsäure an. Erfolgt hierbei Jodabscheidung (Prüfung einer Probe mit Stärkelösung!), so ist das Kaliumjodid unbrauchbar. Nun macht man durch Zugeben von 25 ccm $n/10$-KMnO$_4$-Lösung die äquivalente Menge Jod frei, titriert die braune Flüssigkeit mit der Thiosulfatlösung zunächst, bis sie schwach gelb gefärbt ist, dann nach Hinzufügen von Stärkelösung, bis die blaue Farbe der Jodstärke eben verschwindet. Man berechnet den Normalitätsfaktor der Thiosulfatlösung und verdünnt sie im 1100 ccm-Wislicenus-Meßkolben auf $1/10$-Normalität.

19. Herstellung einer $n/_{10}$-Jodlösung und einer Kaliumjodidlösung.

Man löst in einem 1100 ccm-Wislicenus-Meßkolben 20 g reines Kaliumjodid in 25 ccm Wasser auf und fügt 14,3 g (d. i. im Liter 13 g anstatt der für die $n/_{10}$-Lösung berechneten 12,69 g) auf der gewöhnlichen Wage abgewogenes käufliches Jodum resublimatum hinzu. Wenn das Jod in Lösung gegangen ist, bringt man das Volum der Flüssigkeit auf 1100 ccm und bestimmt ihren Jodgehalt durch Titrieren mit der $n/_{10}$-Thiosulfatlösung. Die Stärkelösung wird dabei wieder erst zugesetzt, wenn die braune Jodfarbe fast verschwunden ist. Sobald man darüber im klaren ist, in welchem Verhältnis die Jodlösung verdünnt werden muß, damit sie $1/_{10}$-normal wird, nimmt man mit einer Pipette aus dem Meßkolben so viel Flüssigkeit heraus, daß das Volum des Restes genau 1 l ist, und fügt die berechnete Menge Wasser hinzu. Dieses gegen die früheren Versuche etwas abgeänderte Verfahren zeigt den Zweck der 1100 ccm-Marke am Wislicenus-Meßkolben. Es ist nur anzuwenden, wenn es gelingt, mit den für die Titerbestimmung zur Verfügung stehenden 100 ccm Lösung den Gehalt der letzteren mit Sicherheit zu ermitteln. Man nehme, um dieses Ziel zu erreichen, für die erste Titration nur 15 ccm und hat dann noch genügend Lösung, um 3 Analysen mit je 25 ccm durchführen zu können.

Die jodometrische Bestimmung oxydierender Stoffe erfolgt, indem man diese auf überschüssige Kaliumjodidlösung wirken läßt und die Menge des ausgeschiedenen Jods durch Titrieren mit der Thiosulfatlösung bestimmt. Man stellt sich hierzu eine annähernd $1/_5$-normale KJ-Lösung her, indem man 16,6 g reines Kaliumjodid zu 500 ccm auflöst (berechnet sind 16,60 g). Diese Lösung ist gemeint, wenn bei den folgenden Analysen von „Kaliumjodidlösung" die Rede ist.

20. Titration einer Kaliumdichromatlösung.

In einem 500 ccm-Becherglas versetzt man 20 ccm der Dichromatlösung mit ungefähr 25 ccm Kaliumjodidlösung, 50 ccm verdünnter Salzsäure (rd. 10%ig) und etwa 200 ccm Wasser und titriert das nach der Gleichung

$$K_2Cr_2O_7 + 6\,HJ + 8\,HCl = 6\,J + 2\,KCl + 2\,CrCl_3 + 7\,H_2O$$

ausgeschiedene Jod mit $n/_{10}$-Thiosulfatlösung.

Die Lösung wird hier stark verdünnt, weil der Farbenumschlag von Blau in schwach Grün, die Farbe der Chrom(3)-Lösung, so leichter zu erkennen ist. Die Titration liefert nur dann ein richtiges

Ergebnis, wenn das Verdünnen mit Wasser erst nach dem Ver-
mischen der reagierenden Stoffe ($K_2Cr_2O_7$, KJ, HCl) erfolgt. Sobald nämlich vor Zugeben des dritten Stoffes verdünnt wird, treten
Schwierigkeiten auf, die durch den Einfluß der Konzentration auf
die Geschwindigkeit der hier in Betracht kommenden Reaktionen
zu erklären sind.

Anzugeben: $K_2Cr_2O_7$ in 25 ccm.

21. Titration einer Arsentrioxydlösung.

Arsentrioxyd wird durch Jod zu Arsensäure oxydiert. Die
Reaktion, welche nach der Gleichung

$$As_2O_3 + 4\,J + 2\,H_2O \rightleftarrows As_2O_5 + 4\,HJ$$

erfolgt, bleibt in stark saurer Lösung unvollständig, verläuft aber
praktisch quantitativ, sobald die entstehende Jodwasserstoffsäure
durch Alkali neutralisiert wird. Da Alkalihydroxyd und -karbonat
selbst Jod binden, nimmt man die jodometrische Bestimmung der
arsenigen Säure in bikarbonathaltiger Lösung vor.

20 ccm Arsenlösung werden mit einem Tropfen Phenolphthaleinlösung versetzt, mit Natronlauge schwach alkalisch und mit Salzsäure eben sauer gemacht. Dann fügt man 50 ccm einer 5%igen,
mit Kohlendioxyd behandelten (?) Natriumbikarbonatlösung hinzu
und titriert mit der $^n/_{10}$-Jodlösung nach Zugeben von Stärke auf
schwach Blau.

Anzugeben: As_2O_3 in 25 ccm.

22. Titration des Schwefelwasser-
stoffwassers[1]).

25 ccm Schwefelwasserstoffwasser läßt man in
25 ccm 5%iger Natriumbikarbonatlösung fließen
und füllt die Lösung auf 100 ccm auf. Hiervon
werden je 20 ccm stark verdünnt und gemäß der
Gleichung

$$H_2S + 2\,J = S + 2\,HJ$$

titriert. Das Füllen der Pipette mit dem Schwefelwasserstoffwasser geschieht mittels des in Fig. 24
gezeichneten Apparates, in dessen Seitenrohr man
hineinbläst.

Anzugeben: % H_2S (die Dichte des Schwefel-
wasserstoffwassers wird = 1 angenommen).

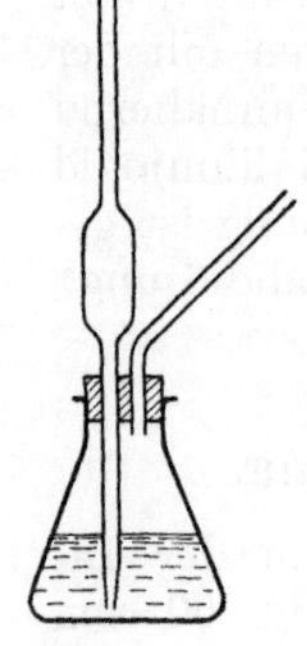

Fig. 24.
Apparat zum
Füllen der
Pipette mit
H_2S-Wasser.

---

[1]) Bezüglich der Titration von H_2S in stärker saurer Lösung vgl. Jayson
und Oesper, Chem. Zentralblatt 1918, I, 1060.

23. Bestimmung des wirksamen Chlors im Chlorkalk.

3,55 g Chlorkalk werden auf der gewöhnlichen Wage schnell abgewogen, in einer Reibschale mit wenig Wasser zu einem gleichmäßigen, dünnen Brei verrieben und in einen 250 ccm-Meßkolben gespült, den man bis zur Marke auffüllt und gut durchschüttelt. 25 ccm der trüben Flüssigkeit läßt man zu 100 ccm Kaliumjodidlösung fließen, säuert mit 10 ccm starker Salzsäure an und titriert das nach der Gleichung

$$ClCaOCl + 2\,KJ + 2\,HCl = 2\,J + CaCl_2 + 2\,KCl + H_2O$$

ausgeschiedene Jod. Jedem Atom Jod entspricht ein Atom wirksames Chlor.

Anzugeben: Prozente wirksames Chlor; ihre Zahl ist gleich der Zahl der Kubikzentimeter $^n/_{10}$-Thiosulfatlösung, welche man bei der Titration verbraucht hat (?).

Durch passende Wahl der „Einwage" läßt sich die Rechnung bei vielen Maßanalysen in ähnlicher Weise vereinfachen, wovon die technische Analyse häufig Gebrauch macht.

24. Analyse des Braunsteins nach Bunsen.

Verfahren: Eine große Zahl höherer Oxyde, z. B. Braunstein, Bleidioxyd, Mennige, Chrom-, Selen-, Tellur-, Molybdänsäure u. a., welche mit Salzsäure Chlor entwickeln, können jodometrisch bestimmt werden, indem man sie mit überschüssiger Salzsäure kocht, das entweichende Chlor quantitativ in einer Kaliumjodidlösung auffängt und das in Freiheit gesetzte Jod titriert.

Die Zersetzungsgleichung lautet z. B. für Braunstein

$$MnO_2 + 2\,KJ + 4\,HCl = 2\,J + MnCl_2 + 2\,KCl + 2\,H_2O;$$

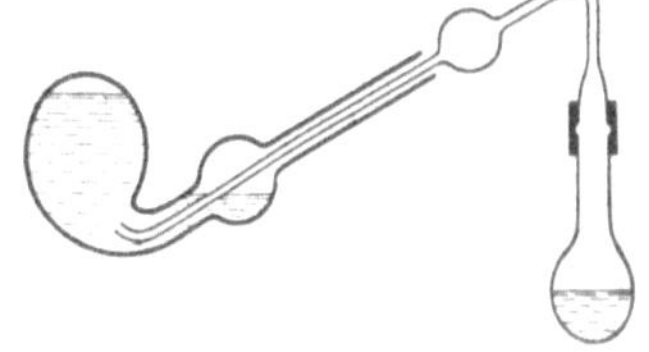

Fig. 25.
Bunsenscher Apparat für die Bestimmung des Braunsteins.

2 Atome Jod entsprechen also einem Atom „wirksamem Sauerstoff".

Bunsen hat für die praktische Anwendung des Verfahrens einen äußerst zweckmäßigen und einfachen Apparat angegeben (s. Fig. 25; vom Assistenten auszuleihen). Er besteht aus einem Kölbchen von 50 ccm Inhalt, an welches ein mit einer Kugel versehenes Gasentbindungsrohr durch ein Stück Gummischlauch luftdicht angesetzt werden kann; eine Retorte von 200 ccm Inhalt, deren Hals an einer Stelle aufgeblasen ist, dient als Vorlage zur Aufnahme der Kaliumjodidlösung, während das Erhitzen der Substanz mit Salzsäure in dem Kölbchen erfolgt.

Ausführung: Man wägt aus einem Wägeröhrchen etwa 0,2 g feingepulverten Braunstein in das trockene Kölbchen des Bunsenschen Apparates hinein und übergießt ihn mit 15 ccm 25%iger Salzsäure. Dann schließt man sofort das Gasentbindungsrohr mittels des Gummischlauches an, so daß Glas an Glas stößt, und schiebt das Rohr in die in umgekehrter Stellung befindliche Retorte (wie die Figur es zeigt), deren Bauch man vorher vollständig mit Kaliumjodidlösung gefüllt hat. Die Retorte ist in einer Stativklammer so lose befestigt, daß man sie leicht drehen kann. Nun erhitzt man die Salzsäure im Kölbchen ganz allmählich. Dabei entweicht Chlor in die Vorlage hinein. Die gleichzeitig übergetriebene Luft entfernt man von Zeit zu Zeit durch Umdrehen der Retorte. In dem Maße, wie die Chlorentwicklung nachläßt, erwärmt man stärker, schließlich bis zum langsamen Sieden der Flüssigkeit und kühlt gleichzeitig die Vorlage durch Einstellen in kaltes Wasser. Wenn alle Luft aus dem Kölbchen und Rohr verdrängt ist, entsteht durch die Kondensation der Dämpfe in der Vorlage ein knatterndes Geräusch. Ist die Flüssigkeit auf etwa $^1/_3$ eingekocht, so beendet man die Destillation, indem man die Verbindung zwischen Kölbchen und Rohr löst, ohne die Heizflamme zu entfernen. Diese muß während der ganzen Operation sorgfältig vor Zug geschützt werden, damit die in der Vorlage befindliche Lösung nicht zurücksteigt.

Man kühlt die Retorte vollständig ab und spült ihren Inhalt[1]) in ein 500 ccm-Becherglas, über welchem man auch das Gasableitungsrohr auswäscht. Sollte sich an den Wandungen der Retorte Jod ausscheiden, welches durch Wasser schwer zu beseitigen ist, so benutze man zum Auswaschen zunächst Kaliumjodidlösung. Mit der Titration des Jods in der braunen Flüssigkeit wird die Analyse beendet.

Anzugeben: % MnO_2 im Braunstein.

Fällungsverfahren.

Als Fällungsverfahren faßt man eine Reihe maßanalytischer Verfahren zusammen, deren Ähnlichkeit nur darin liegt, daß durch die Reaktion zwischen Titerlösung und analysierter Substanz Niederschläge gebildet werden. Ein grundsätzlicher Unterschied besteht zwischen ihnen und den bisher besprochenen

---

[1]) Ist dieser noch warm, so verdampft dabei Jod.

Verfahren nicht. So ist z. B. das folgende Beispiel für eine Fällungsanalyse, die Titration des Kupfers, zugleich eine jodometrische Bestimmung.

Der Endpunkt mancher Fällungstitrationen wird wie bei den anderen Verfahren an Farbänderungen erkannt. Gelegentlich sind es auch die Fällungserscheinungen selbst, Auftreten oder Ausbleiben eines Niederschlages, welche dazu dienen. Kann man die Prüfung auf eine Substanz aus bestimmten Gründen nicht in der titrierten Flüssigkeit selbst ausführen, so entnimmt man dieser einen Tropfen und bringt ihn auf einer geeigneten Unterlage (Uhrglas, Filtrierpapier) mit dem Reagens in Berührung (Tüpfelverfahren).

25. Jodometrische Bestimmung des Kupfers in einer Kupfersulfatlösung.

Eine neutrale oder schwach schwefelsaure Kupfer(2)-Lösung reagiert mit überschüssiger Kaliumjodidlösung quantitativ nach der Gleichung

$$CuSO_4 + 2\,KJ = J + CuJ + K_2SO_4,$$

indem unlösliches, weißes Kupfer(1)-Jodid gebildet wird.

Zu 25 ccm der Kupfersulfatlösung gibt man in einer 100 ccm-Stöpselflasche 10 ccm einer 10%igen Kaliumjodidlösung und schüttelt die verschlossene Flasche einige Minuten kräftig durch. Darauf titriert man das ausgeschiedene Jod gleich in der Flasche mit Thiosulfatlösung. Hierbei verwendet man frisch hergestellte Stärkelösung ohne Sublimatzusatz.

Anzugeben: Cu in 25 ccm.

Die Gay-Lussacsche Silberbestimmung.

Läßt man zu einer salpetersauren Silberlösung eine zur vollständigen Fällung nicht hinreichende Menge Salzsäure- oder Chloridlösung tropfen, so entsteht ein Niederschlag von Silberchlorid, der sich beim Schütteln schnell zusammenballt und absetzt. Fügt man zu der klaren, über dem Niederschlag stehenden Flüssigkeit weitere Chloridlösung hinzu, so bildet sich von neuem eine Trübung von Silberchlorid. Sie bleibt erst aus, sobald alles Silber gefällt ist. Indem man diesen Punkt genau feststellt und sich einer Chloridlösung von bekanntem Gehalt bedient, kann man den Silbergehalt einer Lösung, natürlich auch umgekehrt unter Benutzung einer titrierten Silberlösung ein Chlorid, genau bestimmen.

Dieses klassische, von Gay-Lussac angegebene Verfahren ist besonders in Münzlaboratorien u. dgl. zum „Probieren" von

Silberlegierungen in Gebrauch. Dort verwendet man meist empirische Chloridlösungen von solcher Stärke, daß das Liter einem runden Silbergewicht, 5 g oder 0,5 g, entspricht. Hier sollen $n/_{10}$-Lösungen benutzt werden.

Man geht von einer $n/_{10}$-Natriumchloridlösung aus, welche man durch Auflösen besonders gereinigten Kochsalzes gewinnt.

Die Titration neutraler Silber- und Halogenlösungen kann durch Verwendung von Kaliumchromatlösung als Indikator bequemer gestaltet werden (Mohrsches Verfahren). Ein Silberüberschuß ist dann an der Bildung des roten Silberchromates zu erkennen.

26. Herstellung einer $n/_{10}$-Natriumchloridlösung.

Man löst rd. 40 g reines Natriumchlorid in möglichst wenig Wasser und filtriert die Lösung in ein 300 ccm-Becherglas. Dann sättigt man sie unter Eiskühlung[1]) mit Chlorwasserstoff, welcher in einer Saugflasche durch Zutropfen konzentrierter Schwefelsäure zu rauchender Salzsäure dargestellt und mittels eines umgekehrten Trichters in die Flüssigkeit eingeleitet wird. Das dabei frei von Magnesiumchlorid, seiner Hauptverunreinigung, ausfallende Natriumchlorid wird auf einer Filterplatte abgesaugt, erst mit rauchender Salzsäure (D = 1,19) und dann mit wenig Wasser gewaschen. Man löst es noch einmal in einer Platinschale in etwas Wasser, dampft die Lösung auf dem Wasserbad auf $^1/_3$ ein und erhält so die Kristalle frei von eingeschlossener Salzsäure. Das Salz wird wieder abgesaugt oder abgeschleudert, falls eine geeignete Zentrifuge zur Verfügung steht, mit Wasser gewaschen und in einer Platinschale zunächst im Dampfbad, später über freier Flamme erwärmt. Man erhitzt es, indem man die Schale mit einem Uhrglas bedeckt, bis zum schwachen Glühen des Platins, solange noch Knistern zu bemerken ist. Man wägt davon 5,846 g ($= {}^1/_{10}$ Val) in einem Bechergläschen genau ab und stellt damit durch Auflösen zu 1000 ccm eine $n/_{10}$-NaCl-Lösung her

27. Darstellung reinen Silbers und Prüfung der $n/_{10}$-Natriumchloridlösung.

25 g reinstes, in Wasser klar lösliches Silbernitrat werden in einem 500 ccm-Becherglas in 200 ccm Wasser gelöst. Man erwärmt

---

[1]) Eis oder ein Gemenge von Eis und Salz, welches zum Abkühlen von Gefäßen dienen soll, muß mit so viel Wasser versetzt werden, daß ein einiger-

die Lösung und versetzt sie mit einer Ammoniumformiatlösung, welche man durch Neutralisieren von 12 g reiner 90%iger Ameisensäure (D = 1,2) mit Ammoniak herstellt. Das nach der Gleichung

$$2\,AgNO_3 + 2\,HCO_2NH_4 = 2\,Ag + 2\,NH_4NO_3 + CO_2 + HCO_2H$$

als feinkörniges, weißes Pulver ausfallende Silber wird mit kochendem Wasser durch Dekantieren, dann auf einer Filterplatte bis zum vollständigen Verschwinden der Ammoniakreaktion (Prüfung mit Neßlers Reagens) ausgewaschen. Man trocknet es im Dampfschrank und schmilzt einen Teil davon vor dem Gebläse auf einem Stück reinem, gebranntem Kalk (aus Marmor), in welchem man eine Vertiefung angebracht hat, zu einigen kleinen, etwa $1/_2$ g schweren Körnern zusammen, die man in der schwach leuchtenden Gebläseflamme erstarren läßt (?). Die Silberstückchen behandelt man zur Entfernung anhaftenden Kalziumoxydes einige Minuten mit kochender 2%iger Salpetersäure, spült sie mit heißem Wasser ab, bringt sie mit einer Pinzette in ein Tiegelchen und erhitzt sie kurze Zeit im Aluminiumblock auf 300°.

Man wägt etwa 0,5 g reines Silber[1]) genau ab und löst es in einer 200 ccm-Stöpselflasche, auf welche man einen Trichter setzt, auf dem Wasserbad unter Erwärmen in 10 ccm chlorfreier Salpetersäure (D = 1,2). Nachdem alles in Lösung gegangen ist, verjagt man die in der Flasche auftretenden braunen Stickoxyde durch Hineinblasen mittels eines gebogenen Glasrohres, bis sie sich nicht mehr nachbilden, und läßt die Flasche erkalten. Dann verdünnt man die Lösung mit rd. 50 ccm Wasser und läßt so viel $^n/_{10}$-NaCl-Lösung hinzufließen, daß 0,2 ccm an der zur vollständigen Ausfällung des Silbers berechneten Menge fehlen. Nun verschließt man die Flasche und schüttelt sie stark, bis sich der Niederschlag ganz zusammengeballt hat[2]). Man lüftet den Stopfen, spült die daran haftende Lösung in die Flasche zurück und gibt einen Tropfen $^n/_{10}$-NaCl-Lösung zu der geklärten Flüssigkeit. Entsteht hierbei ein Niederschlag, so fährt man mit dem tropfenweisen Zusetzen der Kochsalzlösung fort, solange er sich noch deutlich vermehrt. Darauf wiederholt man das Schütteln, fügt einen neuen Tropfen NaCl-Lösung hinzu, schüttelt wieder und wiederholt dies, bis ein weiterer Tropfen keine Trübung mehr hervorruft. Der letzte

---

maßen flüssiges Gemisch entsteht. Sonst bildet sich um den zu kühlenden Gegenstand herum durch Fortschmelzen des Eises ein leerer Raum, und die Kühlung bleibt unvollkommen.

[1]) Den größeren Rest hebt man für Aufgabe 29 auf.

[2]) Zusatz von einigen Tropfen reinen Äthers vor dem Schütteln beschleunigt das Zusammenballen des Niederschlages.

Tropfen wird bei der Ablesung der Bürette nicht berücksichtigt. Da Silberchlorid in Wasser etwas löslich ist (rd. 2 mg im Liter bei 20°) und eine gesättigte AgCl-Lösung mit einer Chloridlösung noch eine Trübung gibt, wie es das Massenwirkungsgesetz fordert, so hat man ohnehin einen allerdings sehr kleinen Überschuß an Kochsalzlösung verbraucht.

Bei der Wiederholung der Titration läßt man von vornherein ein dem hier ermittelten nahekommendes Volum der Kochsalzlösung zur Silberlösung fließen.

28. Titration einer sauren Silbernitratlösung.

20 ccm werden genau wie bei der vorigen Aufgabe mit der $n/_{10}$-NaCl-Lösung titriert.

Anzugeben: Ag in 25 ccm.

Die Volhardsche Silber- und Halogenbestimmung.

Das Volhardsche Verfahren benutzt als Maßflüssigkeit $n/_{10}$-Lösungen von Silbernitrat und Ammonium- oder Kaliumrhodanid, als Indikator eine Eisen(3)-Lösung. Während beim Versetzen der salpetersauren, eisen(3-)haltigen Silberlösung mit Rhodanidlösung zunächst nach der Gleichung

$$AgNO_3 + NH_4CNS = AgCNS + NH_4NO_3$$

unlösliches, weißes Silberrhodanid ausfällt, bewirkt der geringste Überschuß an Rhodanid eine leicht wahrzunehmende Rotfärbung der bis dahin farblosen, über dem Niederschlag stehenden Lösung infolge Bildung von Eisen(3)-Rhodanid.

Man bereitet zuerst durch Auflösen reinen Silbers in Salpetersäure eine $n/_{10}$-AgNO_3-Lösung und stellt mit deren Hilfe die Ammoniumrhodanidlösung ein. Die Titrationen werden in Porzellanschalen vorgenommen, weil der Farbenumschlag darin besonders scharf zu erkennen ist.

Das Volhardsche Verfahren dient zur Bestimmung von Stoffen, welche mit Silber in Salpetersäure unlösliche Niederschläge geben, in erster Reihe der Halogenwasserstoffe und der Blausäure. Man versetzt die Analysenlösung mit einem Überschuß der $n/_{10}$-Silberlösung und titriert das gelöst bleibende Silber mit $n/_{10}$-Rhodanidlösung zurück („Resttitration“).

Vor dem Gay-Lussacschen hat das Volhardsche Verfahren den Vorzug der schnelleren Ausführbarkeit, vor dem Mohrschen den der Anwendbarkeit auf saure Lösungen.

29. Herstellung einer salpetersauren $n/_{10}$-Silbernitratlösung.

Man schmilzt das bei Aufgabe 27 dargestellte Silber bis auf einen Rest, den man in Pulverform aufhebt, auf Kalk, wie es auch dort geschah, zu einigen Stücken zusammen und reinigt sie wie früher.

Man wägt davon genau 10,788 g (d. h. $^1/_{10}$ Val) ab, indem man das geschmolzene Silber verwendet und nur zum letzten Ausgleichen des Gewichtes von dem ungeschmolzenen, vorher ebenfalls bei $300°$ getrockneten Material nimmt. Man bringt das Metall in einen 300 ccm-Erlenmeyerkolben, löst es unter Erwärmen in möglichst wenig, chlorfreier Salpetersäure ($D = 1,2$) auf und verjagt die gebildeten Stickoxyde vollständig durch Umschwenken des Kolbens und kurzes vorsichtiges Durchsaugen oder Einblasen von Luft Dann füllt man die Lösung im Meßkolben auf 1000 ccm auf.

30. Herstellung einer $n/_{10}$-Ammoniumrhodanidlösung.

Man löst 9,0 g recht reines und trockenes Ammoniumrhodanid im Wislicenus-Meßkolben zu 1100 ccm (die Lösung enthält also im Liter rd. 8,2 g, die $n/_{10}$-Lösung 7,611 g).

20 ccm $n/_{10}$-$AgNO_3$-Lösung verdünnt man in einer 300 ccm-Porzellanschale mit rd. 100 ccm Wasser und versetzt die Flüssigkeit mit etwa 2 ccm kaltgesättigter Eisenammoniakalaunlösung und so viel ausgekochter Salpetersäure, daß die braune Farbe des Alauns verschwindet. Nun läßt man unter fortwährendem Rühren mit einem Glasstab die Rhodanidlösung hinzufließen, bis die Lösung plötzlich einen rötlichen Farbton annimmt.

Man berechnet den Normalitätsfaktor der Rhodanidlösung, verdünnt sie auf $^1/_{10}$-Normalität, nachdem man ihr Volum auf genau 1000 ccm gebracht hat, und prüft ihren Titer noch einmal mit der Silberlösung.

31. Titration einer Natriumchloridlösung.

Man fügt zu 25 ccm Lösung 40 ccm $n/_{10}$-Silbernitratlösung und titriert den Überschuß an Silber mit $n/_{10}$-Ammoniumrhodanidlösung zurück, indem man sonst genau wie bei Aufgabe 30 verfährt[1]).

Anzugeben: Cl in 25 ccm.

---

[1]) Genauere (etwas höhere) Werte erhält man, wenn man das ausgefällte Silberchlorid vor dem Titrieren des Silberüberschusses abfiltriert (?).

Die Bestimmung der Blausäure im Kaliumzyanid.

Läßt man Silbernitratlösung zu einer Kaliumzyanidlösung fließen, so tritt anfangs keine Fällung ein, da sich nach der Gleichung

$$AgNO_3 + 2\,KCN = KAg(CN)_2 + KNO_3$$

lösliches Kaliumsilberzyanid bildet. Ist jedoch alles Kaliumzyanid in das komplexe Salz verwandelt, so bewirkt weiteres Zusetzen von Silberlösung die Reaktion

$$KAg(CN)_2 + AgNO_3 = 2\,AgCN + KNO_3,$$

die Flüssigkeit trübt sich durch Abscheidung von Silberzyanid. Da dieser Punkt gut zu beobachten ist, kann man lösliche Zyanide auf die geschilderte Weise mit Silberlösung von bekanntem Gehalt einigermaßen genau titrieren.

Nach der ersten Gleichung entsprechen einem Molekül Silbernitrat zwei Moleküle Blausäure oder Kaliumzyanid.

32. Analyse des technischen Zyankaliums[1]).

Man stellt sich zu dieser Bestimmung 500 ccm einer neutralen $n/_{10}$-Silbernitratlösung her, indem man $\dfrac{16,989}{2} = 8,4945$ g reines, nötigenfalls aus Wasser umkristallisiertes Silbernitrat in Wasser zu 500 ccm auflöst. Der Titer dieser Lösung wird nach Volhard geprüft.

Man wägt ein Stück des zur Untersuchung gegebenen Zyankaliums im Gewicht von 0,4—0,5 g in einem verschlossenen weiten Wägegläschen genau ab, löst es in einem 300 ccm-Erlenmeyerkolben unter Zugabe von etwas halogenfreier Natronlauge (?) in rd. 100 ccm Wasser und titriert mit der neutralen $n/_{10}$-Silberlösung unter fortwährendem Schütteln des Kolbens, bis in der Lösung eine bleibende Trübung auftritt, deren Erkennen man sich durch eine dunkle Unterlage, z. B. von schwarzem Glanzpapier, erleichtert.

Die Analyse hat man mehrere Male mit Proben verschiedener Stücke des Zyankaliums vorzunehmen, um möglichst ein dem Durchschnittswert entsprechendes Resultat zu finden.

Anzugeben: % KCN im Zyankalium[2]).

---

[1]) Vorsicht wegen der außerordentlichen Giftigkeit des Zyankaliums!
[2]) Die gefundene Zahl kann größer als 100 sein, wenn das Zyankalium Natriumzyanid enthält.

Beispiel für ein Tüpfelverfahren.

33. Titration einer Zinklösung mit Kalium-Eisen(2)-zyanid.

Verfahren: Man fällt das Zink in schwach saurer Lösung mittels $K_4Fe(CN)_6$-Lösung von bekanntem Gehalt als unlösliches, weißes $K_2Zn_3[Fe(CN)_6]_2$. Sobald beim „Tüpfeln" mit einer Lösung von Uranylnitrat, $UO_2(NO_3)_2$, die kräftig braune Farbe des Uranyl-Eisen(2)-zyanides, $(UO_2)_2Fe(CN)_6$, auftritt, befindet sich überschüssiges Eisen(2)-zyanid in der Lösung, und die Titration ist beendet.

Die $K_4Fe(CN_6)$-Lösung wird mit reinem Zink eingestellt.

Die Titration kann nur bei weißem Licht (Tages-, Bogen-, Gasglühlicht) vorgenommen werden.

Ausführung: a) Herstellung der Kalium-Eisen(2)-zyanidlösung.

Zwischen 10 und 11 g reines Stangenzink werden auf 1 cg genau abgewogen und im 1100 ccm-Wislicenus-Meßkolben in 50 ccm 8 n-Salzsäure gelöst. Die Lösung wird mit 50 g Ammoniumchlorid versetzt und so weit verdünnt, daß sie im Kubikzentimeter genau 10 mg Zink enthält. Der Salmiakzusatz bewirkt, daß sich später der Kalium-Zink-Eisen(2)-zyanid-Niederschlag rasch zusammenballt und absetzt.

Etwa 50 g reines Kalium-Eisen(2)-zyanid (Kahlbaum „Zur Analyse"), $K_4Fe(CN)_6$, 3 H_2O, löst man zum Liter.

50 ccm der Zinklösung werden in einem 750 ccm-Erlenmeyerkolben mit 10 ccm 2 n-Salzsäure angesäuert, mit Wasser auf etwa 200 ccm verdünnt, zum Sieden erhitzt und nach Entfernen der Flamme schnell mit der Eisenzyanidlösung titriert. Man läßt von dieser aus der Bürette zunächst 40 ccm, danach je 1 ccm zufließen, schüttelt den Kolben jedesmal kräftig um, wartet mehrere Sekunden, bringt einen Tropfen der Flüssigkeit mit einem Glasstab auf eine weiße Unterlage (glasierte Porzellanplatte mit Vertiefungen, Uhrglas auf Papier oder dgl.) und fügt einen Tropfen 1%ige Uranylnitratlösung hinzu. Deutliche Braunfärbung zeigt die Anwesenheit überschüssigen Eisenzyanides an. Bleibt sie aus, so fügt man wie vorher kubikzentimeterweise weiter Eisenzyanidlösung zur zinkhaltigen Flüssigkeit, bis beim Tüpfeln die braune Farbe auftritt.

Gute Ergebnisse werden nur erhalten, wenn man durch kräftiges Schütteln dafür sorgt, daß sich das zunächst ausfallende Zink-Eisenzyanid quantitativ in Kalium-Zink-Eisenzyanid umwandelt, wenn man die Titration schnell durchführt und wenn die

Flüssigkeit heiß bleibt. Nötigenfalls erhitzt man sie noch einmal zum Sieden.

Die erste Titration liefert einen angenäherten Wert. Durch weitere Bestimmungen, bei welchen man die Eisenzyanidlösung zuletzt $1/_{10}$-ccm-weise zufließen läßt, ermittelt man den Titer der letzteren genauer. Die Fehlergrenze entspricht etwa $1/_{10}$ ccm Eisenzyanidlösung oder 1 mg Zink. Dieses Titrierverfahren zeichnet sich mehr durch Einfachheit als durch Genauigkeit aus.

Man berechnet den empirischen „Zinkfaktor" der Kalium-Eisenzyanidlösung, d. i. die einem Kubikzentimeter entsprechende Zinkmenge.

b) Titrieren der gegebenen, schon ammoniumchloridhaltigen Zinklösung.

Die Analyse wird mit 25 ccm Lösung wie bei a) ausgeführt. Die 25 ccm enthalten etwa ebensoviel Zink wie die vorher titrierten 50 ccm, so daß die Zinkkonzentration in beiden Fällen annähernd gleich ist.

Zusammensetzung des Eisenzyanidniederschlages und Analysenresultat ändern sich etwas mit dem Verdünnungsgrad der analysierten Lösungen.

Anzugeben: Zn in 25 ccm.

Die Lösungen werden für die Analyse der Kupfer-Zink-Zinn-Legierung (Aufg. 54) aufgehoben.

III. Gewichtsanalyse.

Allgemeines.

Bei der Gewichtsanalyse wird der zu bestimmende Stoff zur Wägung gebracht. Einige Beispiele sollen die wichtigsten diesem Zweck dienenden Verfahren erläutern:

Das Natriumchlorid in einer reinen Kochsalzlösung ermittelt man durch Eindampfen der Lösung und Wägen des Rückstandes.

Den Wassergehalt einer Substanz findet man, indem man sie auf eine Temperatur erhitzt, bei welcher das Wasser sich verflüchtigt. Man ermittelt dessen Menge durch Bestimmen der Gewichtsabnahme, welche die Substanz erfahren hat, oder dadurch, daß man es, z. B. in einem passenden Absorptionsmittel, auffängt und wägt.

Gold bestimmt man in einer Lösung durch Fällen mit Eisen(2)-Lösung; das abgeschiedene Metall wird abfiltriert und gewogen.

Kupfer schlägt man aus einer Kupferlösung durch den elektrischen Strom an einer Platinelektrode als Metall nieder und erfährt seine Menge aus der Gewichtszunahme der Elektrode.

Barium wird aus seiner Lösung durch Schwefelsäure als Bariumsulfat gefällt und auch in dieser Form gewogen.

Magnesium scheidet man als Ammonium-Magnesium-Phosphat ab und wägt es, nachdem es durch Glühen des Niederschlages in Magnesiumpyrophosphat übergeführt ist.

Das Ausfällen von Substanzen durch Reagentien (und Elektrizität) ist das allgemeinste Hilfsmittel zur quantitativen Trennung verschiedener Stoffe voneinander. Vielfach sind dabei dieselben Reaktionen wie bei der qualitativen Analyse zu gebrauchen; es kommt hier aber weit mehr darauf an, daß die Reaktionen empfindlich, als daß sie charakteristisch sind (?). Um die Abscheidung von Niederschlägen möglichst vollständig zu machen, verwendet man im allgemeinen einen Überschuß des Fällungsreagens (Massenwirkungsgesetz!) oder setzt der Lösung geeignete, die Löslichkeit herabdrückende Stoffe, z. B. Alkohol, zu.

Außer durch die Löslichkeit der gefällten Stoffe können bei der Analyse auch dadurch Fehler veranlaßt werden, daß die Niederschläge fremde Substanzen „mitreißen". Häufig handelt es sich dabei um mechanische Einschlüsse, wie etwa Kristalle Mutterlauge enthalten, in anderen Fällen um Bildung sog. fester Lösungen oder um Adsorptionserscheinungen, vielfach aber auch um chemische Verbindungen, z. B. bei der Fällung von Bariumsulfat in Gegenwart von Eisensalzen, wobei komplexe Eisenschwefelsäuren in Form ihrer Bariumsalze mitausfallen.

Es sind also keineswegs qualitative Reaktionen ohne weiteres für die quantitative Analyse zu gebrauchen; in der Regel ist zunächst eine eingehende Untersuchung ihrer Fehlerquellen und die Ausarbeitung genauer Vorschriften für deren Vermeidung erforderlich. Diese Vorschriften, für welche die folgenden Übungsaufgaben Beispiele geben, müssen dann natürlich beim Analysieren sorgfältig befolgt werden, wenn man gute Ergebnisse erzielen will.

Den allgemeinen Teil lese man wiederholt und sehe ihn vor jeder Analyse daraufhin durch, was von dem dort Gesagten für die betreffende Bestimmung in Betracht kommt, da in der Folge nicht mehr darauf hingewiesen wird.

Zur Entgegennahme des meist als Lösung ausgegebenen Analysenmaterials hat man dem Assistenten, sofern bei den einzelnen Analysen nichts anderes bemerkt ist, einen 100 ccm-Meßkolben und

zwei reine und trockene Ausgabebüretten (s. Anhang)[1]) zu übergeben. Die empfangene Lösung ist auf 100 ccm aufzufüllen.

Die Resultate beider gleichzeitig ausgeführten Analysen sind
abzugeben.

34. Bestimmung von Chlor und Natrium in einer neutralen Lösung von Natriumchlorid und Natriumsulfat.

Verfahren: a) Cl als AgCl nach Fällen mit $AgNO_3$ in schwach
salpetersaurer Lösung und Trocknen bei 130°;

b) Na als Na_2SO_4 nach Eindampfen der Lösung mit
H_2SO_4 und schwachem Glühen.

Ausführung: a) Chlorbestimmung.

20 ccm der gegebenen Lösung werden in einem mit Ausguß
versehenen 300 ccm-Becherglas auf rd. 100 ccm verdünnt und mit
10 ccm verdünnter, chlorfreier (Prüfung!) Salpetersäure versetzt.
Dann gibt man unter Umrühren, wobei ein Verspritzen der Lösung
zu vermeiden ist, langsam an einem Glasstab entlang 5%ige klare
Silbernitratlösung zu der Flüssigkeit, bis sich der entstehende
Niederschlag augenscheinlich nicht weiter vermehrt. Man darf
keinen zu großen Überschuß an Silberlösung anwenden, weil das
Silberchlorid leicht Silbernitrat einschließt, welches aus dem sich
schnell zusammenballenden Niederschlag später nicht mehr entfernt werden kann. Weiter ist die Einwirkung hellen Tages-
lichtes auf das Silberchlorid zu verhindern, indem man das Becherglas mit Papier umhüllt. Man erwärmt nun die Flüssigkeit unter
wiederholtem Umrühren auf dem Wasserbad und prüft, nachdem
sie sich durch Absetzen des Silberchlorides geklärt hat, mit einigen
Tropfen Silberlösung auf die Vollständigkeit der Fällung. Darauf
läßt man sie erkalten.

Inzwischen hat man genau nach der früher (S. 16) gegebenen
Vorschrift einen Goochtiegel hergerichtet und nach dem Trocknen
bei 130° gewogen. Durch ihn dekantiert man jetzt die Flüssigkeit,
ohne den Niederschlag aufzurühren, indem man sie an einem Glasstab gegen die Wand des Goochtiegels fließen läßt. Den Glasstab
kann man mit Gummibändchen befestigen (vgl. Fig. 7, S. 10). Um zu
verhindern, daß die Flüssigkeit außen am Becherglas herunterfließt,
fettet man den Außenrand des Ausgusses ein wenig ein. Darauf behandelt man das Silberchlorid im Becherglas unter Umrühren mit
50 ccm kaltem, durch einige Tropfen Salpetersäure angesäuertem

---

[1]) Oder, wo derartige Büretten nicht in Gebrauch sind, zwei Hahn-
büretten mit Trichtern.

Wasser, läßt es sich vollständig absetzen und dekantiert die Flüssigkeit wieder durch den Goochtiegel. Das Dekantieren mit 50 ccm salpetersäurehaltigem Wasser wird noch einmal wiederholt und dann der Niederschlag selbst in den Goochtiegel gebracht. Man rührt ihn mit wenig, durch Salpetersäure schwach sauer gemachtem Wasser auf und spült ihn am Glasstab, den man jetzt, falls er nicht mit Gummibändern befestigt ist, zwischen Mittel- und Zeigefinger der auch das Becherglas haltenden linken Hand nimmt, in den Tiegel, wobei man durch Spritzen mit der Spritzflasche nachhilft. Die am Glas haftenden Silberchloridteilchen werden durch leichtes Reiben mit einer über einen Glasstab gezogenen, zuvor mit Natronlauge ausgekochten Gummifahne entfernt. Das Becherglas, in welches man einige Kubikzentimeter Wasser gegeben hat, ist dabei schräg zu halten, so daß der zu lockernde Niederschlag nur unter Wasser mit dem Gummi in Berührung kommt. Andernfalls würde er an der Gummifahne kleben bleiben.

Das Silberchlorid wird nun im Goochtiegel völlig ausgewaschen, indem man den Tiegel, dabei dessen Wandung abspülend, zu etwa $^1/_3$ mit angesäuertem Wasser füllt und dieses so langsam absaugt, daß es nur tropfenweise abfließt. Man setzt das Auswaschen[1] fort, bis 5 ccm Filtrat nach dem Zugeben von Salzsäure klar bleiben. Dann wäscht man das Chlorid noch einmal mit reinem Wasser und einige Male mit wenigen Kubikzentimetern Alkohol und trocknet es im Aluminiumblock bei 130° bis zur Gewichtskonstanz. Man erhitzt erst $^1/_2$ Stunde, wägt den Tiegel, nachdem er eine Stunde im Chlorkalzium-Exsikkator im Wägezimmer gestanden hat, erwärmt noch einmal $^1/_4$ Stunde, wägt nach einer Stunde von neuem und wiederholt dies nötigenfalls, bis das Gewicht auf 0,2 mg konstant bleibt.

Das bei der zweiten Bestimmung gefällte Silberchlorid wird nach Beendigung der ersten Analyse in denselben Goochtiegel filtriert, in dem man den ersten gewogenen Niederschlag läßt.

b) Natriumbestimmung.

25 ccm Lösung werden in einem ausgeglühten und gewogenen Platin- oder Quarz-Fingertiegel[2] auf dem Wasserbad[3] zur Trockene gebracht (Porzellanringe oder mit Filtrierpapier umwickelte Metallringe!). Das Eindampfen geht in Platingefäßen wegen der besseren

---

[1] Gegen Ende des Auswaschens kann sich das Filtrat schwach trüben, weil das in Wasser etwas lösliche Silberchlorid wieder ausgefällt wird (?).

[2] Hat man keinen Fingertiegel, so verwendet man einen möglichst hohen gewöhnlichen Tiegel.

[3] Ist ein Dampfbad vorhanden, so ist stets dieses statt des Wasserbades zu benutzen.

Wärmeleitfähigkeit schneller als in Quarz- und Porzellangefäßen. Man nimmt den Tiegel vom Wasserbad, sobald der Inhalt ganz trocken geworden ist, und wägt ihn nach 10 Minuten auf 1 cg genau, um einen Anhalt für die zur Verwandlung der Natriumsalze in Sulfat notwendige Menge konzentrierter Schwefelsäure zu haben. Man berechnet diese unter der Annahme, daß der gesamte gewogene Rückstand aus Natriumchlorid bestehe (warum?), und läßt sie tropfenweise aus einem zu einer Spitze ausgezogenen Glasrohr zu der Substanz fließen, indem man den Tiegel fast wagerecht stellt, um Verluste durch die dabei auftretende Chlorwasserstoffentwicklung zu verhüten. Zur richtigen Bemessung der Schwefelsäuremenge bestimmt man zunächst das Gewicht von 20 Tropfen der gleichen Schwefelsäure, welche man aus demselben Glasrohr in ein Wägegläschen mit eingeschliffenem Stopfen fließen läßt, und berechnet danach die notwendige Tropfenzahl. Es kommt auf diese Weise sicher ein Überschuß an Schwefelsäure zur Anwendung, weil der Verdampfungsrückstand noch Feuchtigkeit enthält und teilweise schon aus Sulfat besteht, da ja die analysierte Lösung sulfathaltig ist. Ein großer Überschuß ist wegen der zeitraubenden Umständlichkeit des Verdampfens zu vermeiden. Man prüfe zuvor, ob die Schwefelsäure ohne Rückstand flüchtig ist.

Zur Entfernung der überschüssigen Schwefelsäure bringt man den Fingertiegel auf einem Dreieck in fast wagerechte Lage und erwärmt ihn mit einer kleinen, durch den Schornstein vor Luftzug geschützten Bunsenflamme, die man zunächst dicht an die Öffnung des Tiegels stellt. Die Hitze wird durch Vergrößern der Flamme ganz allmählich gesteigert, so daß zuerst der Chlorwasserstoff langsam entweicht, später die Schwefelsäure ruhig verdampft und schließlich, wenn keine Schwefelsäuredämpfe mehr fortgehen, der Rand des Tiegels eben zum Glühen kommt. Die ganze Behandlung erfordert ein bis zwei Stunden, falls man nicht zu viel Schwefelsäure genommen hatte. Man läßt nun den Tiegel abkühlen, gibt ein erbsengroßes Stückchen Ammoniumkarbonat, das beim Erhitzen auf dem Platinblech keinen Rückstand hinterlassen darf, hinein und erwärmt ihn vorsichtig von neuem. Hierbei wird das zuerst gebildete Natriumpyrosulfat (?) in neutrales Sulfat und flüchtiges Ammoniumsulfat übergeführt. Den zuletzt auf schwache Rotglut erhitzten Tiegel läßt man etwas abkühlen, stellt ihn in den Exsikkator und wägt ihn nach einer halben Stunde[1]). Alsdann erwärmt man ihn noch einmal unter Zugeben von Ammoniumkarbonat, glüht ihn und prüft auf Gewichtskonstanz. — Die Probe auf Gewichtskonstanz ist in entsprechender Weise bei allen

---

[1]) Einen Quarztiegel nach einer Stunde.

gewichtsanalytischen Bestimmungen zu machen; es wird im folgenden nicht mehr daran erinnert werden.

Prüfung: Das gewogene Natriumsulfat muß mit wenig Wasser eine klare, neutral reagierende Lösung geben, welche durch Silbernitratlösung nicht getrübt wird.

Anzugeben: Cl, Na in 25 ccm

35. Bestimmung von Kupfer und Schwefelsäure in einer Lösung von Kupfersulfat und Natriumsulfat.

Verfahren: a) Cu als Cu_2S; es wird in schwach salzsaurer Lösung mit H_2S als CuS gefällt, welches durch Glühen im Wasserstoffstrom in Cu_2S verwandelt wird;

b) SO_4 als $BaSO_4$ nach Fällen mit $BaCl_2$ in salzsaurer Lösung und Glühen.

Ausführung: a) Kupferbestimmung.

25 ccm Lösung werden in einem 300 ccm-Becherglas mit 10 ccm Salzsäure (D = 1,12) und Wasser auf rd. 150 ccm verdünnt. Man erwärmt das mit einem Uhrglas bedeckte Becherglas auf dem Wasserbad und leitet in die warme Flüssigkeit, indem man mit Erhitzen aufhört, $^1/_2$ Stunde lang einen Schwefelwasserstoffstrom von etwa 2 Blasen in der Sekunde ein. Der Gasstrom wird angestellt, ehe man das trockene Gaseinleitungsrohr in die Lösung eintaucht, und erst unterbrochen, wenn es wieder daraus entfernt ist; dadurch verhindert man, daß Niederschlag ins Innere des Rohres gelangt. Als Waschflüssigkeit für die weitere Behandlung des Kupfersulfides dient zunächst schwefelwasserstoffhaltiges, mit einem Tropfen Salzsäure angesäuertes Wasser. Man säubert das Gaseinleitungsrohr, läßt den Niederschlag kurze Zeit sich absetzen und dekantiert die über ihm stehende Flüssigkeit durch ein quantitatives, im Schleifentrichter liegendes 9 cm-Filter. Der Niederschlag wird durch dreimaliges Dekantieren mit angesäuertem, schwefelwasserstoffhaltigem, heißem Wasser im Becherglas, dann auf dem Filter mit reinem Wasser bis zum Verschwinden der Chlorreaktion gewaschen. Wegen der Oxydierbarkeit des Sulfides halte man dieses beim Auswaschen im Filter möglichst mit Wasser bedeckt.

Nachdem die Waschflüssigkeit vollständig abgetropft ist, wird das Filter mit dem Niederschlag im Dampftrockenschrank getrocknet und unter vorsichtigem Drücken vom Sulfid möglichst befreit. Man sammelt das Sulfid auf hellem Glanzpapier und schützt es durch ein Uhrglas oder einen Trichter vor Staub und Luftzug. Das Filter bringt man in einen gewogenen Rosetiegel und verascht es, indem man es zunächst anzündet und abbrennen läßt und dann den ganzen Tiegel mit dem Bunsenbrenner allmählich auf helle Glut erhitzt. Um ein Verstäuben der am Filter haftenden Sulfidteilchen beim Veraschen zu vermeiden, faltet man das Filter tütenartig zusammen, schlägt den Rand nach der Spitze hin um und stellt es mit dieser nach oben in den Tiegel. Die Spitze wird angezündet. Wenn alle Filterkohle verbrannt ist, wozu man erforderlichenfalls das Gebläse[1]) zu Hilfe nimmt, und beim Entfernen der Flamme keine Teilchen mehr nachglimmen, läßt man den Tiegel abkühlen, stellt ihn auf ein zweites Stück Glanzpapier und bringt mit einem nicht haarenden Pinsel das aufbewahrte Sulfid ohne Verluste hinein. Nun wird der Tiegel noch einmal unter Luftzutritt zum Verbrennen der etwa noch vorhandenen Papierfasern auf Rotglut erhitzt. Dann läßt man ihn wieder kalt werden und setzt dem jetzt großenteils oxydierten Sulfid die gleiche Menge fein gepulverten, kristallisierten, ohne Rückstand flüchtigen (Probe!) Schwefel zu.

Darauf leitet man mittels des zum Rosetiegel gehörenden Porzellanrohres einen mäßig starken Wasserstoffstrom in den mit dem durchlochten Deckel verschlossenen Tiegel[2]) und erhitzt diesen allmählich auf dunkle Rotglut. Der Wasserstoff wird einer Bombe (wenn diese nicht zur Verfügung steht, einem Kippschen Apparat) entnommen, mit Schwefelsäure gewaschen[3]) und in einem rd. 5 cm langen, 1 cm weiten, mit trockener Glaswolle gefüllten Glasrohr von mitgerissenen Säuretröpfchen befreit. Man wählt die verbindenden Schläuche möglichst kurz und überzeugt sich zunächst, daß sie innen trocken und sauber sind. Neue Schläuche enthalten oft Talkum. Sobald die aus dem Tiegel herausbrennende, anfangs durch Schwefel blaugefärbte Flamme farblos geworden ist und die Flammengase nicht mehr nach Schwefeldioxyd riechen, setzt man das Erwärmen noch wenige Minuten fort, entfernt dann die Flamme und läßt den Tiegel erkalten, ohne den Wasserstoffstrom zu unterbrechen. Die Wasserstoffflamme wird ausgeblasen, sobald es die Tiegeltemperatur gestattet. Der Tiegelinhalt muß aus schön blauschwarzem, kristallisiertem Kupfer(1)-Sulfid bestehen; weist er rote Flecke auf, so ist er noch einmal mit Schwefel zu mischen und von neuem zu glühen. Bei zu langem und starkem Erhitzen wird das Kupfer(1)-Sulfid durch Wasserstoff langsam zu Kupfer reduziert.

Nach einstündigem Stehen im Exsikkator wird der Tiegel gewogen.

---

[1]) An Stelle des Gebläses kann hier und künftig immer der Mekerbrenner benutzt werden.

[2]) Prüfung des Wasserstoffes auf Knallgas! Man entzünde das Gas am Ende des Porzellanrohres, ehe man dieses in den Tiegel einführt.

[3]) Falls im Kippschen Apparat entwickelt, vorher noch mit Wasser.

Die Prüfung auf Gewichtskonstanz erfolgt, nachdem die Behandlung mit Schwefel im Wasserstoffstrom wiederholt worden ist.

b) Schwefelsäurebestimmung.

20 ccm Lösung werden in einem 300 ccm-Becherglas nach Zugeben von $\frac{1}{2}$ ccm konzentrierter Salzsäure auf 150 ccm verdünnt und, mit einem Uhrglas bedeckt, über freier Flamme zum schwachen Sieden erhitzt. Dann gibt man, das Uhrglas an einer Seite lüftend, zu der kochenden Flüssigkeit tropfenweise 5%ige, mit einigen Tropfen verdünnter Salzsäure angesäuerte Bariumchloridlösung in möglichst geringem Überschuß hinzu. Man bedient sich dazu eines einfachen Tropftrichters, welchen man sich durch Ausziehen eines Glasrohres (Reagensglas) zu einer so feinen Kapillare hergestellt hat, daß nur alle 3—4 Sekunden ein Tropfen hindurchgeht. Diese Vorsichtsmaßregel ist notwendig, weil das ausfallende Bariumsulfat bei schnellem Hinzufügen des Bariumchlorides beträchtliche Mengen von diesem einschließt. — Überhaupt ist das Ausfällen des Bariumsulfates, auch zur Bestimmung des Bariums, eines der heikelsten gewichtsanalytischen Verfahren, das z. B auch durch die Gegenwart mancher Stoffe ungünstig beeinflußt wird[1]). Da es in der Praxis wegen der Häufigkeit von Schwefelbestimmungen sehr oft anzuwenden ist, unterrichte sich der Chemiker über diese Fehlerquellen genau aus den Lehrbüchern. — Man läßt den Niederschlag sich absetzen und prüft durch Zugeben eines Tropfens Bariumchloridlösung auf die Vollständigkeit der Fällung. Dann erhält man die Flüssigkeit noch $\frac{1}{4}$ Stunde in gelindem Sieden und läßt sie über Nacht stehen. So erst wird die Abscheidung des Niederschlages quantitativ. Das Bariumsulfat wird in einem mit nicht zu dünner Asbestschicht versehenen, bei dunkler Rotglut gewichtskonstant gemachten Goochtiegel gesammelt, mit heißem Wasser ausgewaschen und bis zu gerade beginnender Rotglut erhitzt. Um Reduktion des Sulfates durch die Flammengase zu verhindern, stellt man den Goochtiegel in den Schutztiegel (vgl. S. 17). Das geglühte Bariumsulfat muß rein weiß aussehen und darf an Wasser nichts abgeben.

Anzugeben: Cu, SO_4 in 25 ccm

36. Bestimmung des Kristallwassers im Kupfervitriol.

Verfahren: Dem Kupfervitriol, $CuSO_4$, $5\,H_2O$, werden bei etwa 100° vier Moleküle, oberhalb 200° das fünfte Molekül H_2O entzogen.

---

[1]) Vgl. z. B. Aufgabe 37.

Ausführung: Man löst etwa 20 g Kupfervitriol in möglichst wenig heißem Wasser auf und filtriert die warme Lösung durch ein in einem angewärmten Trichter liegendes Faltenfilter in einen Erlenmeyerkolben. Durch Abkühlen der filtrierten Lösung in Wasser und durch kräftiges Schütteln bewirkt man die Abscheidung feiner, möglichst wenig Mutterlauge einschließender Kristalle. Nach dem Erkalten der Flüssigkeit wird das Kristallmehl an der Saugpumpe in einem Trichter mit Filterplatte und Filtrierpapierscheibchen abfiltriert und mit wenig kaltem Wasser ausgewaschen. Durch kräftiges Auspressen der Kristalle mit einem Pistill entfernt man die Mutterlauge möglichst vollständig. Das gereinigte Salz wird in dünner Schicht mit Filtrierpapier bedeckt mehrere Tage an der Luft getrocknet (Prüfung auf Gewichtskonstanz! Die Dauer des Trocknens hängt von Temperatur und Feuchtigkeit der Atmosphäre ab) und in eine Pulverflasche mit eingeschliffenem Stopfen gefüllt. Es darf natürlich nicht im Exsikkator aufgehoben werden (?).

Etwa 0,5 g Salz wird in einem weiten Wägegläschen mit Schliffstopfen genau abgewogen und nach Entfernen des Stopfens zwei Stunden auf rd. 100° erhitzt. Man verschließt dann das Gläschen wieder, bringt es in den Exsikkator und wägt es nach einer Stunde. Erhitzen und Wägen werden bis zur Gewichtskonstanz wiederholt.

Danach wird das teilweise entwässerte Salz im Aluminiumblock bei 250° getrocknet.

Anzugeben: % Wasserverlust bei 100° und bei 250°.

37. Analyse des Kupferkieses, $CuFeS_2$.

(Zu bestimmen: [Gangart][1]), Kupfer, Eisen, Schwefel.)

Verfahren: Das feingepulverte Erz wird mit konzentrierter HNO_3 in Lösung gebracht und ein etwa ungelöster Rest (Gangart) bestimmt. In einem Teil der Lösung wird Cu durch H_2S als CuS gefällt (als Cu_2S gewogen), Fe im Filtrat durch NH_3 als $Fe(OH)_3$ niedergeschlagen und nach dem Glühen als Fe_2O_3 gewogen. S wird in einem anderen Teil der Lösung unter gewissen Vorsichtsmaßregeln als $BaSO_4$ bestimmt.

Ausführung: a) Auflösung und Gangart-Bestimmung.

Wie alle schwer angreifbaren Mineralien ist der Kupferkies vor Beginn der Analyse aufs sorgfältigste zu pulvern. 2 g von Gangart möglichst freie Stückchen werden in einem gut gereinigten Diamant-

---

[1]) Hier, wie bei den folgenden Mineralanalysen, sind als Verunreinigungen in den Mineralien gelegentlich vorkommende Stoffe, welche bei der Analyse zu bestimmen sind, in Klammern angeführt.

mörser zerkleinert und portionsweise in einer Achatreibschale zerrieben, bis ein ganz gleichmäßig staubfeines Pulver ohne metallisch glänzende Teilchen entstanden ist. Davon wägt man gleich nach der Herstellung, damit es nicht Oxydation erleidet oder Wasser anzieht, 0,7 bis 0,9 g in einem langen, mit einem Glasstopfen verschlossenen, zuvor gewogenen Wägeröhrchen ab, schüttet den Kupferkies ohne Verlust in einen trockenen 300 ccm-Erlenmeyerkolben und wägt das Wägegläschen, dem noch etwas Mineral anhaftet, zurück. Sofort danach wägt man die Substanz für die zweite Bestimmung ab.

Man kühlt den Erlenmeyerkolben mit dem Kupferkies in Eiswasser und gießt durch einen Trichter mit weitem Rohr (?) schnell und auf einmal 20 ccm rote, rauchende, schwefelsäurefreie (Probe!), ebenfalls eisgekühlte Salpetersäure hinein. Erwärmung muß bei der heftigen, viel Stickoxyd entwickelnden, deshalb unter dem Abzug vorzunehmenden Reaktion tunlichst vermieden werden, damit der sich ausscheidende Schwefel nicht zu größeren, die weitere Oxydation erschwerenden Klumpen zusammensintert. Man vollendet die Oxydation des Schwefels zu Schwefelsäure, indem man die Flüssigkeit mit wenigen Tropfen Brom (zuvor auf H_2SO_4 zu prüfen!) versetzt und sie durch Einstellen des Kolbens in eine auf dem Wasserbad erhitzte leere 300 ccm-Porzellanschale schwach erwärmt. Sobald aller Schwefel verschwunden ist, bringt man durch Verdünnen der Flüssigkeit mit 50 ccm Wasser das abgeschiedene Eisen(3)-Sulfat in Lösung (Vorsicht wegen der Stickoxydentwicklung!) und kocht die Flüssigkeit einige Minuten über freier Flamme. Danach entfernt man den Trichter, spritzt ihn ab, führt den Kolbeninhalt unter Nachspülen mit möglichst wenig Wasser quantitativ in die vorher benutzte Porzellanschale über und dampft die Lösung auf dem Wasserbad zur Trockene ein. Den Rückstand versetzt man mit 10 ccm konzentrierter Salzsäure und löst ihn unter Zugeben von etwas Wasser auf. Dann dampft man die Flüssigkeit noch einmal mit Salzsäure ein. Dies wird ein drittes Mal wiederholt, damit die bei der Fällung des Bariumsulfates störende (?) Salpetersäure entfernt wird. Den Rückstand übergießt man mit 2 ccm konzentrierter Salzsäure, verdünnt diese mit 100 ccm Wasser und füllt die Lösung in einem Meßkolben auf 250 ccm auf.

Wenn nach der Oxydation des Schwefels und dem Verdünnen mit Wasser ein weißer, beim Reiben mit einem Glasstab knirschender, schwerer Rückstand ungelöst geblieben ist (dem Kupferkies meist beigemengte Silikate), so bestimmt man die Menge dieser „Gangart", indem man den Inhalt der Porzellanschale (man verwendet dann am besten eine innen dunkelglasierte Schale) durch

Stock-Stähler, Praktikum. 3. Aufl.6

ein 7 cm-Filter (Schleifentrichter) in den Meßkolben filtriert, das Ungelöste auf dem Filter mit heißem Wasser auswäscht und nach dem Trocknen und Veraschen des Filters (vgl. Aufg. 35a) im Platintiegel wägt. Es wird mit dem gefundenen Gewicht als Gangart in Rechnung gestellt. Das Filtrat samt Waschwasser wird auf 250 ccm aufgefüllt.

b) Bestimmung des Kupfers und Eisens.

100 ccm Lösung werden in einem 300 ccm-Becherglas auf rd. 150 ccm verdünnt, mit Salzsäure versetzt und zur Kupferbestimmung entsprechend Aufgabe 35 behandelt.

Das Filtrat vom Kupfersulfid wird in einer 400 ccm-Porzellanschale aufgefangen, auf dem Wasserbad — zunächst mit einem Uhrglas bedeckt (?) — erwärmt (Abzug!), auf 100 ccm eingedampft, wobei aller Schwefelwasserstoff entweicht, und in ein 300 ccm-Becherglas gespült. Man erhitzt die Lösung zum Sieden, oxydiert das Eisen durch Zugeben einiger Tropfen konzentrierter Salpetersäure und fällt es, nachdem die dabei auftretende Braunfärbung (?) wieder verschwunden ist, durch Ammoniak, welches man in geringem Überschuß zusetzt. Das amorph ausfallende Eisen(3)-Hydroxyd[1]) muß mit besonderer Vorsicht und Gründlichkeit ausgewaschen werden (vgl. den allgemeinen Teil). Die überstehende Flüssigkeit enthält viel Ammoniumchlorid, welches sorgfältig zu entfernen ist, da Eisenoxyd bei Gegenwart von Ammoniumchlorid in der Hitze flüchtig ist (?). Man wäscht das Hydroxyd durch Dekantieren mit heißem Wasser, bis das Waschwasser mit angesäuerter Silbernitratlösung nur noch eine geringe Opaleszenz gibt, filtriert es im Dampftrichter auf ein 9 cm-Filter ab und wäscht es vollständig aus, neues Wasser zugebend, ehe das alte ganz abgelaufen ist, damit die schädliche (?) Rißbildung in der gallertigen Masse verhütet wird[2]). Das feuchte Filter wird durch sehr langsam gesteigertes Erhitzen über freier Flamme im Porzellan- oder Platintiegel[3]) getrocknet und verascht, das hinterbleibende Eisen(3)-Oxyd zehn Minuten über dem Bunsenbrenner und fünf Minuten über dem Meker-, Teclu- oder Allihnbrenner stark geglüht. Man sorge dafür, daß das Oxyd nicht durch die Flammengase reduziert wird.

---

[1]) Richtiger würde „Eisen(3)-Oxydhydrat" gesagt (?). Der Einfachheit halber sei hier und in ähnlichen Fällen von „Hydroxyden" gesprochen.

[2]) Die Behandlung des Niederschlages wird erleichtert, wenn man der Flüssigkeit vor der Fällung zerfasertes Filtrierpapier zusetzt (vgl. allgem. Teil S. 12).

[3]) Der Platintiegel ist natürlich wegen seiner Unzerbrechlichkeit und gleichmäßigeren Erwärmung vorzuziehen, auch in späteren ähnlichen Fällen.

Prüfung: Das Eisen(3)-Oxyd muß nach längerem Behandeln mit konzentrierter Salzsäure auf dem Wasserbad in Wasser ganz löslich sein; die Lösung darf weder Eisen(2)-, noch Sulfatreaktion geben.

c) Schwefelbestimmung.

In eisenhaltiger, saurer Lösung kann Schwefelsäure nicht ohne weiteres durch Bariumchloridlösung gefällt werden, weil mit dem Bariumsulfat unter diesen Umständen komplexe Eisenschwefelsäuren ausfallen. Man verwandelt infolgedessen das Eisen vorübergehend durch Zusetzen von Ammoniak in unlösliches Hydroxyd und fällt das Bariumsulfat in der ammoniakalischen Lösung, die man erst danach wieder ansäuert. So wird die Verunreinigung des Sulfates durch Eisen vermieden.

100 ccm Lösung werden in einem 300 ccm-Becherglas zum Sieden erhitzt. Man fällt nun durch einen kleinen Überschuß starken Ammoniaks das Eisen aus. Inzwischen löst man eine zur Fällung der Schwefelsäure hinreichende Menge festes Bariumchlorid, $BaCl_2$, $2\,H_2O$, in Wasser und gibt die gleichfalls zum Kochen erwärmte Lösung zu der siedenden, ammoniakalischen Flüssigkeit. Die erforderliche Menge Bariumchlorid berechnet man aus der Formel des Kupferkieses, indem man noch einen kleinen Zuschlag, von etwa 10%, macht. Die ammoniakalische Flüssigkeit, in welcher sich jetzt Eisen(3)-Hydroxyd und Bariumsulfat befinden, versetzt man mit so viel Salzsäure, daß das Eisen wieder in Lösung geht, prüft mit einem Tropfen Bariumlösung, ob alle Schwefelsäure ausgefällt ist, und behandelt das Bariumsulfat, nachdem man es über Nacht hat stehen lassen, wie bei Analyse 35.

Prüfung: Das geglühte Bariumsulfat muß rein weiß sein und darf nach dem Erwärmen mit einigen Tropfen starker Salzsäure durch Kalium-Eisen(2)-zyanidlösung nicht blau gefärbt werden.

Anzugeben: % (Gangart,) Cu, Fe, S.

38. Bestimmung von Mangan und Chrom in einer Lösung von Chrom(3)- und Mangan(2)-Chlorid.

Verfahren: Mn wird aus schwefelsaurer Lösung durch Ammoniumpersulfat als Dioxydhydrat abgeschieden, durch Glühen in Mn_3O_4 übergeführt und als solches gewogen. Das in Lösung bleibende Chromat wird zu Chrom(3)-Salz reduziert, Cr mit Ammoniumnitrit als $Cr(OH)_3$ gefällt und nach dem Glühen als Cr_2O_3 gewogen.

Ausführung: a) Manganbestimmung.

Die beiden in Lösung befindlichen Metalle werden zunächst in Sulfate verwandelt. Man versetzt 25 ccm Lösung in einer 300 ccm-

Porzellanschale mit 25 ccm 2 n-Schwefelsäure und dampft die Flüssigkeit auf dem Wasserbad soweit wie möglich ein. Danach erhitzt man sie auf einer Asbestplatte mit freier Flamme ganz allmählich stärker und stärker, bis eben Schwefelsäuredämpfe entweichen. Längeres Erhitzen ist zu vermeiden, damit der Rückstand nicht unlöslich wird (?). Man gibt zu diesem, nachdem er erkaltet ist, etwas Wasser (Vorsicht!) und spült die Lösung in ein 500 ccm-Becherglas. Die Flüssigkeit wird mit Ammoniak neutralisiert, mit 50 ccm 6%iger Ammoniumpersulfatlösung[1]) und 25 ccm 2 n-Schwefelsäure versetzt, auf 300 ccm verdünnt, erhitzt und 20 Minuten im Sieden erhalten. Das ausgefällte Mangandioxydhydrat filtriert man sofort im Schleifentrichter mit durchgeschnittenem Rohr auf ein 9 cm-Filter und wäscht es mit heißem Wasser aus. Das in einem 500 ccm-Becherglas aufgefangene Filtrat, welches goldgelb und klar sein muß, läßt man noch zwei Stunden auf dem Wasserbad stehen und engt es dabei auf rd. 250 ccm ein. Sollte sich, was selten der Fall sein wird, noch etwas Mangandioxyd abscheiden, so filtriert man es durch das vorher benutzte Filter zu der Hauptmenge ab. Der Manganniederschlag wird auf dem Filter im Trichter bei 100° getrocknet und im Porzellantiegel verascht. Man glüht ihn schließlich zehn Minuten mit einem Teclu- oder Allihnbrenner derart, daß der Tiegel ganz von der Oxydationsflamme umgeben ist. Das Oxyd hat danach die Zusammensetzung Mn_3O_4.

   b) Chrombestimmung.

Man reduziert das gelbe Filtrat vom Manganniederschlag mit 15 ccm Schwefeldioxydlösung und einigen Kubikzentimetern Salzsäure und entfernt die Hauptmenge des übrigbleibenden Schwefeldioxydes durch Kochen. Nun fällt man das Chrom als Chrom(3)-Hydroxyd, indem man zur erkalteten Lösung Ammoniak gibt, bis eben ein Niederschlag erscheint, letzteren mit 1 ccm 2 n-Salzsäure wieder auflöst, die Flüssigkeit zum Sieden erhitzt und langsam 30 ccm 6%ige Ammoniumnitritlösung[2]) hinzufügt. Vor der ein-

---

[1]) Das Ammoniumpersulfat ist vorher auf seine Reinheit zu prüfen. Man verglüht eine Probe in einer Platinschale und kocht 50 ccm 10%iger Lösung mit Ammoniak. Ergeben sich dabei Verunreinigungen (Aluminium usw.), so müssen sie vor der Benutzung des Salzes zur Analyse entfernt werden. Man macht die Lösung in warmem Wasser schwach ammoniakalisch und filtriert sie sofort. Das klare Filtrat wird mit Schwefelsäure neutralisiert und ist nun für die Manganfällung verwendbar.

[2]) Die käufliche Ammoniumnitritlösung enthält meist etwas Bariumnitrit (?); man befreit sie davon, indem man sie in der Kälte mit Ammoniumsulfatlösung versetzt und nach 12stündigem Stehen filtriert. Von Kahlbaum ist eine sofort verwendbare „barytfreie" Ammoniumnitritlösung (mit rd. 6% NH_4NO_2) zu beziehen. Enthält die Lösung viel freies Ammoniak, so ist sie zunächst mit Salzsäure zu neutralisieren.

fachen Fällung mit Ammoniak hat dieses Fällungsverfahren den
Vorteil, daß sich das Hydroxyd in besser filtrierbarer Form ausscheidet. Nach der Ionentheorie läßt sich der Vorgang so erklären,
daß die Nitritionen der Ammoniumnitritlösung sich mit den in
der Chrom(3)-Salzlösung vorhandenen (?) Wasserstoffionen nach der
Gleichung
$$H^{\cdot} + NO_2^{\prime} = HNO_2$$
zu salpetriger Säure vereinigen. Diese zerfällt in der Hitze nach
$$3\,HNO_2 = HNO_3 + 2\,NO + H_2O$$
während zugleich das überschüssige Ammoniumnitrit durch die
Reaktion
$$NH_4NO_2 = N_2 + 2\,H_2O$$
zerstört wird. Die Verarmung der Lösung an $H^{\cdot}$-Ionen verschiebt
nach dem Massenwirkungsgesetz die hydrolytische Spaltung des
Chrom(3)-Salzes, erhöht die Konzentration des $Cr(OH)_3$ und bewirkt dessen Ausfällung.

Nachdem man die Flüssigkeit noch bis zum Aufhören der Gasentwicklung gekocht hat, versetzt man sie tropfenweise mit
Ammoniak, bis sie schwach danach riecht[1]), läßt den Niederschlag
sich absetzen, wäscht ihn im Becherglas durch Dekantieren mit
heißem Wasser möglichst aus, bringt ihn auf ein 11 cm-Filter und
vollendet hier das Auswaschen in derselben Weise, wie es beim
Eisenhydroxyd (Aufgabe 37) geschah. Das Filter wird naß im
Porzellan- oder Platintiegel verbrannt und das hinterbleibende
Chrom(3)-Oxyd 15 Minuten möglichst stark über dem Gebläse geglüht. Vor der Prüfung auf Gewichtskonstanz ist es jedesmal
mindestens 10 Minuten zu erhitzen.

Prüfung: Das Chromoxyd darf an heißes Wasser nur Spuren
Chromat[2]) abgeben.

Anzugeben: Mn, Cr in 25 ccm.

39. Bestimmung von Kalium und Natrium in einer neutralen Lösung der Chloride.

Verfahren: Man bestimmt die Gewichtssumme der Sulfate
beider Metalle, K durch Fällen mit $HClO_4$ und Wägen als $KClO_4$.
Der Na-Gehalt ergibt sich aus der Differenz.

K und Na werden außerdem durch indirekte Analyse bestimmt,
indem man die Gewichtssumme der Chloride beider Metalle und

---

[1]) Dadurch beseitigt man die schwach saure Reaktion, welche die Lösung
hat, wenn sie wie hier viel Ammoniumsalze enthält, und macht die Fällung
quantitativ.

[2]) Das Chrom(3)-Hydroxyd schließt stets etwas Alkali ein, so daß in
der Hitze ein wenig Chromat entsteht.

durch Fällung als AgCl das Gesamtgewicht des Cl ermittelt. Aus den beiden Werten läßt sich der Gehalt der Chloridmischung an K und Na berechnen.

Ausführung: a) Bestimmung der Gewichtssumme der Sulfate; Kaliumbestimmung.

20 ccm Lösung werden im gewogenen Fingertiegel auf dem Wasserbad zur Trockene verdampft; der Rückstand wird auf dem Bunsenbrenner erhitzt. Man stellt den Tiegel dabei fast wagerecht und erwärmt ihn wegen der Flüchtigkeit des Kaliumchlorides so, daß nur sein Rand zum schwachen Glühen kommt. Dann wägt man das Gemisch beider Chloride.

Die Chloride führt man in demselben Tiegel nach den bei Analyse 34 für die Natriumbestimmung gegebenen Vorschriften in Sulfate über. Die Menge der erforderlichen Schwefelsäure berechnet man unter der Annahme, daß die Chloride aus reinem Natriumchlorid beständen (?). Die Sulfate haben vor den Chloriden den Vorzug geringerer Flüchtigkeit in der Hitze. Das Sulfatgemisch wird gewogen.

Zur Kaliumbestimmung versetzt man 20 ccm der ursprünglichen Lösung in einer dunkelglasierten 200 ccm-Porzellanschale mit so viel 20%iger Perchlorsäurelösung[1]) (Kahlbaum, $D = 1,12$), wie zur Überführung in Natriumperchlorat notwendig wäre, wenn das zuvor gewogene Chloridgemisch nur aus Natriumchlorid bestanden hätte, und fügt noch rd. 1 ccm im Überschuß hinzu. Man erhitzt die Lösung zum Vertreiben des Chlorwasserstoffes auf dem Wasserbad, bis dicke, weiße Dämpfe von Perchlorsäure entweichen. Den Rückstand läßt man erkalten und übergießt ihn mit 5 ccm 97%igem Alkohol, in welchem Natriumperchlorat leicht, Kaliumperchlorat sehr schwer löslich ist. Die ungelöst bleibenden Kristalle von Kaliumperchlorat werden mit einem Glasstab zerdrückt, in einen mit Alkohol derselben Konzentration benetzten Goochtiegel filtriert und, zunächst durch Dekantieren, mit 97%igem Alkohol gewaschen. Schließlich wird der Goochtiegel mit seinem Inhalt bei 130° im Aluminiumblock getrocknet.

Prüfung: Das gewogene Perchlorat muß der Bunsenflamme eine reine Kaliumfärbung erteilen.

b) Indirekte Bestimmung.

Man bestimmt den Chlorgehalt von 20 ccm Lösung wie bei Analyse 34a.

---

[1]) Die Lösung muß frei von Kalium sein. Der beim Verdampfen mehrerer Kubikzentimeter auf dem Wasserbad bleibende Rückstand soll sich in 97%igem Alkohol vollständig lösen.

Die Gewichtssumme der Chloride wurde schon bei a) festgestellt.
Die Berechnung erfolgt nach S. 22.

Anzugeben: K, Na in 25 ccm nach Verfahren a) und b).

40. Bestimmung von Eisen und Aluminium in einer Lösung von Eisen(3)-Chlorid und Aluminiumsulfat.

Verfahren: Man ermittelt die Summe der Gewichte beider
Metalloxyde, $Al_2O_3 + Fe_2O_3$, indem man die Metalle als Hydroxyde fällt und durch Glühen in die Oxyde überführt.

Fe bestimmt man durch Titrieren der zuvor reduzierten Lösung
mit $n/_{10}$-Kaliumpermanganat'ösung. Der Al-Gehalt folgt aus der
Differenz beider Bestimmungen.

Ausführung: a) Bestimmung der Summe $Al_2O_3 + Fe_2O_3$.

20 ccm Lösung werden in einem 500 ccm-Becherglas auf rd.
250 ccm verdünnt und in der Kälte mit verdünntem Ammoniak
versetzt, bis eben eine bleibende Trübung entsteht. Diese wird
durch Zugeben weniger Tropfen verdünnter Salzsäure wieder beseitigt. Zur gemeinsamen Ausfällung der Hydroxyde des Eisens
und Aluminiums bedient man sich wie bei der Chrombestimmung
in Analyse 38 einer Ammoniumnitritlösung (s. dort). Man gibt
zu der kalten Flüssigkeit rd. 30 ccm Nitritlösung[1]), kocht sie
(Uhrglas!), bis kein Gas mehr entweicht, und macht sie wie bei
Aufgabe 38 ganz schwach ammoniakalisch.

Das ausgeschiedene Eisen- und Aluminiumhydroxyd filtriert
man auf einem 11 cm-Filter im Dampftrichter ab. Es wird zunächst im Becherglas dreimal mit je 100 ccm heißem Wasser, mit
welchem man den Niederschlag 5 Minuten auf dem Wasserbad
unter kräftigem Umrühren behandelt, ehe man ihn sich absetzen
läßt, und dann auf dem Filter gewaschen. Dieses verbrennt man
feucht im Porzellan- oder Platintiegel, erhitzt den Rückstand
15 Minuten über dem Gebläse und wägt ihn im bedeckten Tiegel.
Bei der Probe auf Gewichtskonstanz ist er 10 Minuten lang zu glühen.

Prüfung: Das Gemisch von Al_2O_3 und Fe_2O_3 darf an heißes
Wasser nichts abgeben.

b) Eisenbestimmung.

20 ccm Lösung werden in einem 200 ccm-Rundkolben auf
50 ccm verdünnt. Man reduziert das Eisen mit Zinn(2)-Chlorid zu
Eisen(2)-Salz und titriert es mit $n/_{10}$-Kaliumpermanganatlösung wie
bei Analyse 15.

Anzugeben: Al, Fe in 25 ccm.

---

[1]) Etwa vorhandenes zweiwertiges Eisen wird hierbei gleichzeitig
oxydiert.

41. Analyse des Dolomits, $CaCO_3$, $MgCO_3$

(Zu bestimmen: [Gangart,] Eisen + Aluminium, Kalzium, Magnesium, Kohlensäure.)

Verfahren: Ein Teil des Minerals wird in Salzsäure gelöst und ein etwa bleibender Rückstand als Gangart bestimmt. Aus der Lösung entfernt man Fe und Al als Hydroxyde und wägt sie nach dem Glühen als $Fe_2O_3 + Al_2O_3$. Im Filtrat fällt man Ca als CaC_2O_4 und im Filtrat Mg als $MgNH_4PO_4$; man verwandelt CaC_2O_4 durch Glühen in CaO, dieses durch H_2SO_4 in $CaSO_4$, das gewogen wird. $MgNH_4PO_4$ wird geglüht und als $Mg_2P_2O_7$ zur Wägung gebracht.

Der Kohlensäuregehalt wird in einem anderen Teil des Minerals durch den Gewichtsverlust festgestellt, welchen die Substanz bei der Zersetzung mit Salzsäure im Bunsenschen Apparat erleidet.

Ausführung: a) Auflösung, Bestimmung (der Gangart und) des Eisens + Aluminiums.

4 g des im Achatmörser bis zur Staubfeinheit zerkleinerten Minerals werden bei etwa 100° in einem weiten, bei den Wägungen mit dem Glasstopfen verschlossenen Wägegläschen unter häufigem Umschütteln (Vorsicht!) bis zur Gewichtskonstanz (auf einige $^{mg}/_{10}$) getrocknet. Die trockene Substanz füllt man durch einen Trichter in ein gleichfalls mit Glasstöpsel versehenes, tariertes, enges, langes Wägeröhrchen, welches man im Exsikkator aufhebt und aus dem man das für die einzelnen Bestimmungen notwendige Material herauswägt. Einen Anhalt für die zu entnehmenden Mengen hat man an der Höhe, welche das Pulver im Röhrchen einnimmt.

0,7 bis 0,8 g Dolomit werden in einem 300 ccm-Erlenmeyer-kolben mit 10 ccm Wasser übergossen und durch allmähliches Zugeben von 10 ccm konzentrierter Salzsäure (Trichter mit weitem Rohr!) in Lösung gebracht. Die auf 100 ccm verdünnte Lösung kocht man 5 Minuten. Ungelöst Bleibendes ist Gangart, wird abfiltriert, geglüht und gewogen. Die Lösung wird auf 250 ccm aufgefüllt. 100 ccm von ihr läßt man in einem mit einem Uhrglas bedeckten 300 ccm-Becherglas 15 Minuten sieden (warum?), versetzt die heiße Lösung tropfenweise mit konzentrierter Salpetersäure, um das zweiwertige Eisen in dreiwertiges überzuführen, und dann mit verdünntem, unmittelbar vorher durch Destillation über Kalk von Karbonat befreitem (?) Ammoniak, bis sie gerade deutlich danach riecht. Eisen und Aluminium, welche wohl in keinem Dolomit fehlen[1]), fallen hierbei als Hydroxyde aus. Man filtriert

---

[1]) Sind sie nicht zu bestimmen, so nimmt man sofort ein 500 ccm-Becherglas.

sie, nachdem die Flüssigkeit noch einige Minuten gekocht hat, auf einem 7 cm-Filter ab und wägt das Gemisch der Oxyde nach dem Glühen (vgl. die Eisenbestimmung im Kupferkies). Da die Menge der beiden Metalle hier sehr gering ist, braucht man nicht erst zu dekantieren und benutzt zum Filtrieren statt des Dampftrichters einen gewöhnlichen Schleifentrichter.

b) Kalziumbestimmung.

Das Filtrat vom Hydroxydniederschlag wird in einem 500 ccm-Becherglas aufgefangen und auf rd. 200 ccm verdünnt. Um zu verhindern, daß bei der nun folgenden Ausfällung des Kalziumoxalates auch Magnesiumoxalat in erheblicher Menge mit in den Niederschlag geht, muß man nachstehende Bedingungen einhalten. Man erhitzt die Flüssigkeit zum Sieden, färbt sie mit einigen Tropfen Methylorangelösung und säuert sie mit Salzsäure in ganz geringem Überschuß an. Alsdann versetzt man sie mit einer heißen Lösung von $^1/_2$ g Oxalsäure in 10 ccm 10%iger Salzsäure und neutralisiert sie, ohne das Kochen zu unterbrechen, durch ganz allmähliche, in längeren Pausen erfolgende Zugabe 1%igen Ammoniaks bis zur Gelbfärbung. Die Neutralisation soll etwa $^1/_2$ Stunde erfordern. Weil Methylorange beim Kochen der sauren Flüssigkeit langsam zerstört wird, gibt man jedesmal einen Tropfen Methylorangelösung hinzu, ehe man von neuem Ammoniak zusetzt. Schließlich fügt man 50 ccm heißer Ammoniumoxalatlösung (1 : 20) hinzu und läßt die Flüssigkeit nach Entfernen der Flamme vier Stunden stehen. Nach Ablauf dieser Zeit filtriert man das Kalziumoxalat auf ein 9 cm-Filter ab, wäscht es zuerst durch dreimaliges Dekantieren, dann auf dem Filter mit warmer 1%iger Ammoniumoxalatlösung bis zum Verschwinden der Chlorreaktion aus und verbrennt das Filter feucht im Porzellan- oder Platintiegel. Das Erhitzen muß besonders vorsichtig geschehen, damit die massenhaft entwickelten Gase (?) keine Substanzverluste verursachen. Man glüht einige Minuten über dem Mekerbrenner oder dem Gebläse, befeuchtet das Kalziumoxyd nach dem Erkalten mit 5 ccm Wasser, gibt dann vorsichtig etwa 1 g konzentrierte Schwefelsäure hinzu (Tropfen zählen! Vgl. Analyse 34b), dampft auf dem Wasserbad möglichst weit ein, bringt den Tiegelinhalt vorsichtig zur Trockene, erhitzt ihn nach dem Verjagen der Schwefelsäure auf ganz schwache Rotglut und wägt das hinterbleibende Kalziumsulfat.

Prüfung: Das Kalziumsulfat darf nicht basisch reagieren (?).

c) Magnesiumbestimmung.

Das Filtrat vom Kalziumoxalat wird mit Salzsäure angesäuert und auf dem Wasserbad in einer großen (300 ccm-) Platinschale[1]) auf rd. 100 ccm eingedampft. Dann versetzt man die Lösung mit rd. 20 ccm warmer 25%iger Natriumphosphatlösung, erhitzt sie, indem man die Schale mit einem Uhrglas bedeckt, zum Sieden und fügt $1/3$ ihres Volums an 10%igem Ammoniak hinzu. Der Niederschlag von Ammonium-Magnesium-Phosphat wird nach mehrstündigem Stehen in der Kälte im Goochtiegel[2]) abfiltriert, mit einer 2% Ammoniak und 1% Ammoniumchlorid enthaltenden Waschflüssigkeit ausgewaschen, bei 100° getrocknet und im elektrischen Tiegelöfchen geglüht. Man bringt ihn in das unbedeckte kalte oder doch fast abgekühlte Öfchen, schaltet den elektrischen Strom ein, legt den Ofendeckel auf, sobald das Ammoniak aus dem Phosphat vollständig ausgetrieben ist, und hält den Ofen etwa 15 Minuten auf Höchsttemperatur. Es ist darauf zu achten, daß nicht Teilchen des Ofendeckels in den Tiegel fallen. Der Deckel darf nicht heiß auf eine kalte Unterlage gelegt werden, damit er keine Sprünge bekommt. Der Goochtiegel ist vor der Leerwägung ebenfalls im elektrischen Öfchen auszuglühen. Nimmt man das Erhitzen des Tiegels statt im elektrischen Ofen mit der Gasflamme vor, so können Verluste durch Reduktion des Phosphates entstehen.

Prüfung: Das Magnesiumpyrophosphat muß in Salzsäure ohne Rückstand löslich sein.

d) Kohlensäurebestimmung.

Man beschickt einen speziellen, von Bunsen angegebenen Apparat mit dem Dolomit und mit einer zu dessen Zersetzung mehr als ausreichenden Menge Salzsäure, so daß beide Substanzen zunächst nicht miteinander reagieren können, und wägt das Ganze; dann läßt man die unter Kohlendioxydentwicklung erfolgende Reaktion zwischen dem Karbonat und der Säure vor sich gehen und wägt den nun durch das Entweichen des Kohlendioxydes leichter gewordenen Apparat wieder. Der Gewichtsverlust ist gleich dem Gewicht des in Freiheit gesetzten Kohlendioxydes.

Der Bunsensche Kohlensäurebestimmungs-Apparat (Fig. 26, S. 91; vom Assistenten zu entleihen) besteht aus drei durch Glasschliffe oder kleine Stückchen Gummischlauch verbundenen Teilen, dem Reaktionskölbchen A, dem Säurebehälter B und dem Chlorkalziumrohr C. Es gehören dazu weiter zwei aus Glasstab und Gummischlauch hergestellte Verschlüsse, D′ und D″, und zwei Chlorkalziumtrockenrohre, E′ und E″, welche durch 25 cm lange, trockene Gummischläuche mit den Enden von B und C zu verbinden sind.

---

[1]) In Ermanglung einer solchen in einer dunkelglasierten 300 ccm-Porzellanschale.

[2]) Am besten im Goochtiegel mit Platinfilter (Neubauertiegel).

Der Apparat kann mittels einer am oberen Ende von A befestigten Drahtschlinge an der Wage aufgehängt werden.

Die drei Chlorkalziumrohre beschickt man, indem man in die Kugel etwas reine Watte eindrückt, darüber gekörntes, gesiebtes Kalziumchlorid bis 3 cm unter die Öffnung einfüllt, darauf einen Wattebausch setzt und das Rohr mit einem ein 4 cm langes Glasröhrchen tragenden Kork verschließt. Den Kork drückt man so tief in das Röhrchen hinein, daß dieses ihn 2 mm überragt. Den dadurch gebildeten ringförmigen Raum füllt man mit zerstoßenem Siegellack an, welchen man durch vorsichtiges Fächeln mit einer Bunsenflamme von oben her zum Schmelzen bringt. Um zu verhüten, daß das immer kalkhaltige Kalziumchlorid später Kohlendioxyd absorbiert, leitet man zunächst durch die fertigen Rohre zehn Minuten Kohlendioxyd und verdrängt es wieder durch Luft.

Man beginnt die Analyse damit, daß man die einzelnen Teile des Bunsenschen Apparates innen und außen sorgfältig säubert und trocknet. Benutzt man dabei ein Tuch, so darf es nicht fasern. Die Schliffe werden schwach gefettet.

Man verbindet C, an welchem der Glasstabverschluß D'' angebracht ist, mit A und wägt aus dem Wägeröhrchen in die

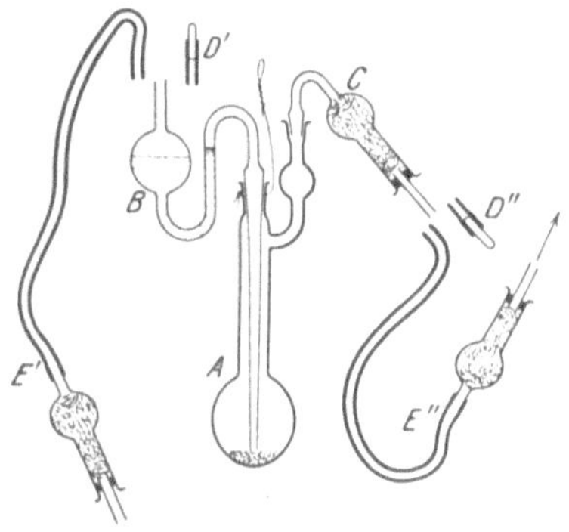

Fig. 26.

Bunsenscher Kohlensäurebestimmungsapparat.

Kugel von A rd. 1 g Dolomit ein, dabei Sorge tragend, daß keine Substanz in den röhrenförmigen Teil von A gelangt. Darauf füllt man in die Kugel B mittels eines dünnen, durch Ausziehen eines Reagensglases hergestellten Trichters 20 ccm 5%iger Salzsäure, verbindet B mit A und verschließt auch das offene Ende von B durch D'. Der Apparat wird in einem Becherglas eine Stunde lang neben die Wage gestellt und gewogen, nachdem man unmittelbar vorher die Verschlüsse D' und D'' entfernt hat (? vgl. S. 8).

Alsdann verbindet man die offenen Enden von B und C mit den Chlorkalziumrohren E' und E'' und veranlaßt durch vorsichtiges Saugen am freien Ende von E'' die Säure, aus B durch das Heberrohr nach A zu dem Dolomit zu fließen. Das Ende des Rohres muß schließlich in die Säure eintauchen. Das in Freiheit gesetzte Kohlendioxyd entweicht durch C, wo es den mitgenommenen

Wasserdampf an das Kalziumchlorid abgibt. Um auch das in der Säure gelöste und das als Gas in den Gefäßen befindliche Kohlendioxyd zu entfernen, erwärmt man die Flüssigkeit in A, indem man den Apparat am Hals von A unterhalb des Ansatzrohres faßt, über dem Sparflämmchen eines Bunsenbrenners zu ganz gelindem Sieden. Dann nimmt man die Flamme fort und saugt von E'' aus langsam Luft durch den Apparat. Erhitzen und Saugen werden noch zweimal wiederholt. Darauf ersetzt man E' und E'' durch die Verschlüsse D' und D'' und wägt den Apparat nach einstündigem Stehen im Wägezimmer. Erneutes Erwärmen und Durchsaugen von Luft darf keine nennenswerte Gewichtsänderung mehr bewirken.

Anzugeben: % CaO, MgO, CO_2, $Al_2O_3 + Fe_2O_3$ (und Gangart).

42. Bestimmung der Phosphorsäure in einer salpetersauren Lösung von Kalziumphosphat[1]).

Verfahren: Die Phosphorsäure wird in salpetersaurer Lösung mit Ammoniummolybdat gefällt, der Niederschlag von Ammoniumphosphormolybdat (?) in Ammoniak gelöst, durch Zusetzen von Salpetersäure wieder abgeschieden und bei Rotglut auf die Formel P_2O_5, $24\,MoO_3$ gebracht. Die einzelne Bestimmung soll mit rd. $0,1\,g\ P_2O_5$ vorgenommen werden; die Zusammensetzung des komplexen Phosphormolybdates schwankt etwas mit den Konzentrationsverhältnissen der reagierenden Lösung, die daher genau berücksichtigt werden müssen.

Ausführung: 25 ccm Lösung (sie enthalten rd. $0,1\,g\ P_2O_5$) werden in einem 500 ccm-Becherglas auf 50 ccm verdünnt. Man fügt zu der Flüssigkeit 30 ccm einer Ammoniumnitratlösung, welche man durch Lösen von 70 g Ammoniumnitrat und 10—20 ccm 25%iger Salpetersäure zu 200 ccm und Filtrieren der Lösung hergestellt hat, sowie 20 ccm konzentrierte Salpetersäure und erhitzt sie zum Sieden. Gleichzeitig erwärmt man 200 ccm Ammoniummolybdatlösung (30 g käufliches Salz im Liter, nötigenfalls unter Zusetzen von wenig Ammoniak gelöst; filtriert) in einem zweiten Becherglas ebenfalls zum Kochen und läßt sie in dünnem Strahl zur Phosphorsäurelösung fließen. Man bedeckt dazu das erste Becherglas mit einem durchbohrten Uhrglas und steckt in dessen Öffnung einen zu einer $1/2$ mm weiten Öffnung ausgezogenen, aus einem Reagensglas verfertigten Trichter, durch welchen man die Molybdatlösung unter fortgesetztem Umschwenken des Becherglases zugibt. Man läßt dem gelben Niederschlag $1/2$ Stunde Zeit

---

[1]) Dem Assistenten ist eine Ausgabepipette zu übergeben.

sich abzusetzen, gießt die überstehende Flüssigkeit durch ein 7 cm-Filter und dekantiert mit 50 ccm einer heißen Waschflüssigkeit, die man aus 100 ccm der oben erwähnten Ammoniumnitratlösung, 100 ccm 25%iger Salpetersäure und 150 ccm Wasser bereitet hat. Nachdem man das Filtrat mit Ammoniummolybdatlösung auf die Vollständigkeit der Fällung geprüft hat, löst man den Niederschlag wieder auf, indem man durch das Filter 10 ccm 8%iges Ammoniak zu der im Becherglas befindlichen Hauptmenge des Phosphormolybdates gibt. Man wäscht das Filter mit 30 ccm Wasser aus, fügt zur Lösung 20 ccm der früher dargestellten Ammoniumnitratlösung und 1 ccm Ammoniummolybdatlösung hinzu, erhitzt die ammoniakalische Flüssigkeit zum Sieden und fällt daraus das Ammoniumphosphormolybdat zum zweitenmal, indem man durch den vorher benutzten Trichter 20 ccm heiße 25%ige Salpetersäure zufließen läßt. Nachdem der Niederschlag über Nacht gestanden hat, filtriert man ihn in einen Goochtiegel und wäscht ihn mit der oben beschriebenen, heißen Waschflüssigkeit aus, bis das Filtrat durch Kalium-Eisen(2)-zyanidlösung nur noch ganz schwach braun gefärbt wird (?). Man glüht das Phosphormolybdat gelinde über dem Dreibrenner (Nickel-Schutztiegel!), bis es einheitlich blauschwarz ist. Es enthält dann 3,945% P_2O_5.

Unter Benutzung dieses empirischen Faktors ist die in 25 ccm der gegebenen Lösung vorhandene Menge P_2O_5 zu berechnen.

43. Bestimmung von Eisen und Mangan in einer salzsauren Lösung von Eisen(3)-Chlorid und Mangan(2)-Chlorid.

Verfahren: Fe wird durch Kochen der schwach sauren natriumazetathaltigen Lösung als Hydroxyd gefällt, nach Auflösen des Niederschlages in HCl, nochmaligem Fällen mit NH_3 und Glühen als Fe_2O_3 gewogen. Mn wird aus den Filtraten als $MnNH_4PO_4$ abgeschieden und als $Mn_2P_2O_7$ gewogen.

Ausführung: a) Eisenbestimmung.

25 ccm Lösung werden in einer 200 ccm-Porzellanschale mit 0,5 g Ammoniumchlorid und einigen Kubikzentimetern konzentrierter Salzsäure versetzt, wodurch die Hydrolyse des Eisensalzes verhindert wird, und zur Entfernung der überschüssigen Säure auf dem Wasserbad zur Trockene eingedampft. Man zerreibt den Rückstand vorsichtig mit einem Glasstab und erwärmt ihn noch $^1/_4$ Stunde auf dem Wasserbad. Danach löst man ihn in 20 ccm Wasser, fügt eine mit wenigen Tropfen Essigsäure angesäuerte Lösung von 2,5 g kristallisiertem Natriumazetat in etwas Wasser hinzu, spült die

Flüssigkeit in ein 500 ccm-Becherglas, füllt sie mit heißem Wasser auf 300 ccm auf, erhitzt sie zu beginnendem Sieden und läßt das Eisen(3)-Hydroxyd sich absetzen. Dieses enthält noch etwas Mangan. Es wird alsbald heiß im Dampftrichter mit Schlauch und Klemmschraube (s. S. 15) wie bei Aufgabe 37 abfiltriert, einige Male mit heißem Wasser ausgewaschen, vom Filter in ein 500 ccm-Becherglas gespritzt und in möglichst wenig, warmer, verdünnter Salzsäure gelöst. Diese läßt man langsam durch das Filter in das Becherglas fließen, indem man die Klemmschraube am Trichterfallrohr fast schließt. Das Filter wird mit heißem Wasser gründlich ausgewaschen. Die Bestimmung des Eisens erfolgt weiter durch Fällen mit Ammoniak und Wägen als Eisen(3)-Oxyd wie bei der Analyse des Kupferkieses (Nr. 37b).

b) Manganbestimmung.

Die manganhaltigen Filtrate werden in einer 500 ccm-Porzellanschale portionsweise auf dem Wasserbad soweit wie möglich eingedampft, nachdem man zu der schon stark eingeengten Flüssigkeit 10 ccm 2 n-Schwefelsäure zugesetzt hat. Es wird so die Essigsäure entfernt, deren Gegenwart die Phosphatfällung des Mangans unvollständig machen würde. Beim Eindampfen sich abscheidendes Mangandioxyd bringt man durch einige Tropfen Schwefeldioxydwasser in Lösung. Man nimmt den Rückstand in Wasser auf, spült die Lösung in ein 500 ccm-Becherglas, füllt sie auf 200 ccm auf, löst darin 20 g -Ammoniumchlorid auf und versetzt sie mit 10 ccm kaltgesättigter Dinatriumhydrophosphatlösung und darauf vorsichtig mit Ammoniak, bis sie Lackmus stark bläut. Das hierbei amorph ausfallende Mangan-Ammonium-Phosphat wird durch kurzes Aufkochen der Flüssigkeit kristallinisch gemacht. Man fügt zur Lösung noch einige Tropfen Ammoniak, läßt abkühlen, filtriert den Niederschlag nach mehreren Stunden oder am nächsten Tag im Goochtiegel ab, wäscht ihn mit schwach ammoniakhaltigem Wasser aus, trocknet ihn bei 100° und glüht ihn im elektrischen Tiegelöfchen (vgl. Nr. 41c).

Anzugeben: Fe, Mn in 25 ccm.

44. Analyse des Kalifeldspats, $KAlSi_3O_8$.

(Zu bestimmen: Kieselsäure, Aluminium, Kalium [Kalzium, Magnesium].)

Verfahren: Das Mineral wird durch Schmelzen mit Natriumkarbonat aufgeschlossen. Den Schmelzkuchen behandelt man mit Salzsäure und scheidet dadurch die Kieselsäure ab, die nach dem Glühen als SiO_2 gewogen wird. Im Filtrat fällt man Al (und etwa vorhandene geringe Fe-Mengen) durch NH_4NO_2-Lösung als Hydroxyd (gewogen als Al_2O_3 [$+ Fe_2O_3$]) und bestimmt in der abfiltrierten Flüssigkeit Ca und Mg, falls sie zugegen sind, wie früher beim Dolomit.

Die K-Bestimmung erfolgt in einer zweiten Probe des Silikates durch Erhitzen mit trockenem $NH_4Cl + CaCO_3$. Dabei gehen Alkalimetalle in Chloride, die übrigen Metalle in Oxyde, die Kieselsäure in Kalziumsilikat über. Beim Auslaugen des Glühproduktes mit Wasser wird das Alkalichlorid neben $CaCl_2$ gelöst. Man entfernt Ca durch Fällen mit $(NH_4)_2CO_3$, dampft das Filtrat ein und wägt K als KCl.

Ausführung: a) Kieselsäurebestimmung.

Man wägt 0,7—1 g des staubfein zerkleinerten Feldspats in einem Platintiegel ab und bestimmt zunächst den Feuchtigkeitsgehalt des Minerals, indem man es bei 120° bis zur Gewichtskonstanz trocknet.

Zu dem getrockneten Silikat im Tiegel schüttet man 5—6 g reines, kalziniertes, feingepulvertes Natriumkarbonat und vermischt beide Stoffe innig mittels eines dünnen, rundgeschmolzenen Glasstäbchens, welches man schließlich mit etwas Karbonat abspült. Von der Vollständigkeit der Durchmischung hängt das Gelingen des Aufschlusses ab. Der Tiegel wird zunächst bedeckt über ganz kleiner, dann über voller Bunsenflamme, schließlich mit dem Mekerbrenner oder dem Gebläse erhitzt, bis die Masse klar geschmolzen ist und die Kohlendioxydentwicklung ganz aufgehört hat. Dann entfernt man den Deckel, faßt den Tiegel mit einer Zange und taucht ihn, ohne ihn zu schütteln, zur Hälfte in eine kleine Porzellanschale mit destilliertem Wasser, bis die Schmelze rings zu erstarren beginnt. Nachdem der Tiegel außerhalb des Wassers vollständig erkaltet ist, schüttet man den Schmelzkuchen durch Umkehren des Tiegels und leichtes Klopfen auf die Tiegelwand in ein 300 ccm-Becherglas und übergießt ihn mit 50 ccm Wasser, dem man allmählich 50 ccm konzentrierte Salzsäure hinzufügt. Manchmal gelingt das Entfernen des Schmelzkuchens nicht so leicht, besonders wenn der Tiegel schon stark verbeult ist. Es empfiehlt sich dann, einen Platindraht im Schmelzkuchen einfrieren zu lassen und den Tiegel nach völliger Abkühlung noch einmal stark und rasch zu erhitzen, so daß der Schmelzkuchen außen schmilzt und am Platindraht aus dem Tiegel herausgezogen werden kann. Oder man behandelt den Tiegel samt Inhalt im Becherglas mit Säure, bis alles Lösliche entfernt ist. In den ersten beiden Fällen benutzt man die zum Auflösen des Schmelzkuchens dienende Flüssigkeit zuvor, um die am Tiegel und Deckel zurückgebliebenen Substanzreste in das Becherglas zu spülen. Dieses ist mit einem Uhrglas bedeckt zu halten. Man beschleunigt die Auflösung durch Umrühren und Erwärmen über freier Flamme, kocht die Flüssigkeit, sobald die Kohlendioxydentwicklung aufgehört hat, fünf Minuten gelinde und spült sie dann in eine möglichst geräumige Platinschale[1]). Die Schale darf zu höchstens $^3/_4$ gefüllt werden. Jetzt gilt es, alle Kieselsäure abzuscheiden, ohne zugleich Aluminiumhydroxyd unlöslich zu machen. Man verdampft die Flüssigkeit auf dem Wasserbad vollständig zur Trockene, wobei die Schale nicht zu tief im Wasserbad sitzen darf, damit der Inhalt nicht hochkriecht (vgl. S. 11), läßt den Rückstand mit konzentrierter Salzsäure befeuchtet 15 Minuten bei gewöhnlicher Temperatur stehen, verdünnt mit 75 ccm Wasser, erhitzt zum Sieden, dekantiert dreimal durch ein 9 cm-Filter von der ausgeschiedenen Kieselsäure ab und wäscht diese auf dem Filter mit siedendem Wasser bis zum Verschwinden der Chlorreaktion aus. Das Filter stellt man beiseite, bis man auch die noch im Filtrat gelösten, beträchtlichen Mengen Kieselsäure abgeschieden hat. Das Filtrat wird in der zuvor benutzten Schale wieder eingedampft und, nachdem es ganz trocken geworden ist und den Chlorwasserstoffgeruch verloren hat, noch drei Stunden auf dem Wasserbad gelassen. Den Rückstand befeuchtet man wieder mit konzentrierter Salzsäure, läßt ihn 15 Minuten bei gewöhnlicher Temperatur stehen, fügt 75 ccm heißes Wasser hinzu, filtriert die nun bis auf Spuren unlöslich gewordene Kieselsäure auf einem 7 cm-Filter ab und wäscht sie mit heißem Wasser bis zum Ausbleiben der Chlorreaktion aus. Das Filtrat wird in einem 500 ccm-Becherglas aufgefangen. Die beiden Filter mit der Kieselsäure verbrennt man naß im Platintiegel und glüht diesen zuletzt $^1/_4$ Stunde über dem Mekerbrenner oder Gebläse.

Prüfung: Man übergießt das gewogene Siliziumdioxyd mit 2 ccm Wasser, fügt einen Tropfen konzentrierte Schwefelsäure und 5 ccm ohne Rückstand flüchtige (Probe!) wässerige Flußsäure hinzu, dampft die Flüssigkeit auf dem Wasserbad (im Flußsäure-Abzug!) ein, wiederholt diese Behandlung noch einmal, erwärmt danach den Tiegel zuerst vorsichtig über freier Flamme und glüht ihn schließlich. Ein hierbei bleibender Rückstand zeigt, daß das Siliziumdioxyd nicht rein war. Er besteht aus Al_2O_3 ($+ Fe_2O_3$), ist bei der späteren Bestimmung dieser Oxyde in Rechnung zu setzen und natürlich vom Gewicht des gefundenen Siliziumdioxydes abzuziehen.

---

[1]) In Ermanglung dieser in eine dunkelglasierte 400 ccm-Porzellanschale.

b) Bestimmung des Aluminiums (+ Eisens, des Kalziums und Magnesiums).

Aus der von der Kieselsäure abfiltrierten Lösung, welche häufig durch kleine, bei der weiteren Analyse nicht störende Mengen Platin verunreinigt ist, fällt man Aluminium- (und Eisen-) Hydroxyd mittels Ammoniumnitrit nach der bei Analyse 40 gegebenen Vorschrift aus. Ist das geglühte Oxyd nicht weiß, d. h. enthält es mehr als Spuren Eisenoxyd, so titriert man das Eisen in anderen 75 ccm Flüssigkeit mit $n/_{10}$-Kaliumpermanganatlösung (vgl. ebenfalls Analyse 40). Bei der Berechnung ist nötigenfalls das im Siliziumdioxyd gefundene Aluminium- (und Eisen-) Oxyd zu berücksichtigen.

Sind Kalzium und Magnesium in nicht zu vernachlässigender Menge in dem untersuchten Orthoklas vorhanden, so werden sie in dem Filtrat vom Aluminiumhydroxyd bestimmt. Man säuert die Lösung mit Salzsäure an, dampft sie in einer Porzellanschale auf dem Wasserbad zur Trockene ein, nimmt den Rückstand mit 100 ccm 2%iger Salzsäure auf, filtriert die Lösung und scheidet im Filtrat Kalzium und Magnesium wie beim Dolomit (Analyse 41) ab.

c) Kaliumbestimmung.

Man verwendet zum Aufschließen des Minerals reinstes, sublimiertes Ammoniumchlorid und reinstes Kalziumkarbonat[1]).

Man wägt 0,5—0,7 g feinstgepulverten Feldspat aus dem Wägeröhrchen in einen auf schwarzem Glanzpapier stehenden Achatmörser hinein, mengt das Mineral mit etwa ebensoviel Ammoniumchlorid, fügt etwa 3 g Kalziumkarbonat hinzu und bringt das sorgfältig gemengte und zerriebene Gemisch unter Benutzung eines nicht haarenden, trockenen Pinsels quantitativ in einen Platin Fingertiegel[2]). Auch dieser wird hierbei auf ein Stück schwarzes Glanzpapier von rd. 25 cm im Quadrat gestellt, damit zur Seite fallende Teilchen nicht verlorengehen; man schneide das Glanzpapier so, daß seine Ränder nicht nach der Glanzseite hin aufgeworfen sind. Reibschale, Pistill und Pinsel werden mit rd. 1 g Kalziumkarbonat abgespült. Man drückt den Tiegel fest in ein kleines, an einem Stativring befestigtes Dreieck, stellt ihn durch Neigen des Dreieckes schräg und erwärmt ihn mit ganz kleiner Flamme (Schornstein auf dem Brenner!). Es beginnt sofort eine starke Ammoniakentwicklung.

---

[1]) Beides ist in geeigneter Beschaffenheit von Kahlbaum oder Merck zu beziehen. Das Kalziumkarbonat enthält eine äußerst geringfügige Menge Alkali, die hier ganz vernachlässigt, sonst aber ein für alle Male bestimmt und berücksichtigt werden kann. Ein großer Teil des Alkalis ist dem Kalziumkarbonat übrigens durch längeres Auswaschen zu entziehen.

[2]) Oder im Notfall in einen großen, gewöhnlichen Platintiegel.

Sobald sie nach etwa 15 Minuten nachläßt, erhitzt man den Tiegel stärker, schließlich $^3/_4$ Stunden mit dem Teclu- oder Allihnbrenner. Der vordere Teil des Tiegels mit dem Deckel darf dabei nicht zu heiß werden, Rotglut nicht erreichen, damit sich kein Kaliumchlorid verflüchtigt. Nach dem Erkalten läßt sich die zusammengebackene Masse durch leises Klopfen meist ohne Schwierigkeit aus dem Tiegel entfernen; sonst befeuchtet man sie vorher mit etwas Wasser. Man behandelt sie in einer Platin- oder dunkelglasierten Porzellanschale mit 100 ccm heißem Wasser, indem man die gesinterten Teile mit einem Pistill zu Pulver zerdrückt. Wenn alles zerfallen ist, dekantiert man dreimal mit 50 ccm kochendem Wasser, in welchem man den Niederschlag zunächst einige Minuten lang aufrührt, filtriert das Ungelöste ab und wäscht es aus. Beim Behandeln mit warmer Salzsäure darf dieser Rückstand kein unzersetztes Mineral hinterlassen; sonst war der Aufschluß nicht vollständig.

Zur Abscheidung des in Lösung gegangenen Kalziums versetzt man die filtrierte Lösung in einer 500 ccm-Porzellanschale mit 10 ccm 10%igem Ammoniak und einer Lösung von 2 g Ammoniumkarbonat in einigen Kubikzentimetern Wasser, erhitzt die Flüssigkeit, filtriert das Kalziumkarbonat ab und wäscht es gut aus. Das Filtrat wird in der früher benutzten Schale auf dem Wasserbad eingedampft und der trockene Rückstand durch vorsichtig gesteigertes Erhitzen auf dem Finkenerturm von Ammoniumsalz befreit. Das zurückbleibende Salz löst man in 5 ccm Wasser, versetzt die Lösung zur Fällung der letzten Spuren Kalzium mit einigen Tropfen Ammoniak- und Ammoniumoxalatlösung und läßt sie über Nacht stehen. Dann filtriert man sie durch ein 5 cm-Filter vom Kalziumoxalat in einen gewogenen Tiegel hinein ab, dampft sie ein und erhitzt den Rückstand bis zur Zersetzung und Verflüchtigung der Ammoniumsalze. Die erkaltete Masse befeuchtet man mit verdünnter Salzsäure, bringt sie wieder zur Trockene, erhitzt das Kaliumchlorid allmählich bis auf dunkle Rotglut und wägt es.

Anzugeben: % SiO_2, K_2O, Al_2O_3 ($+ Fe_2O_3$, CaO, MgO), berechnet auf das bei 120° getrocknete Mineral; % Feuchtigkeitsgehalt.

45. Bestimmung von Arsen und Antimon in einer salzsauren Lösung von Kaliumarsenat und Antimon(5)-Chlorid.

Verfahren: Aus der stark salzsauer gemachten Lösung, welche As und Sb in fünfwertiger Form enthält, wird das As nach Zugabe von Hydrazinsalz und KBr als Reduktionsmittel als $AsCl_3$ verflüchtigt, im Destillat mit H_2S als As_2S_3 gefällt und in dieser Form nach dem Trocknen bei 105° gewogen.

Sb fällt man im Destillationsrückstand mit H_2S als Sb_2S_3 und wägt es auch als solches, nachdem es in einer CO_2-Atmosphäre auf 300° erhitzt ist.

Ausführung: a) Arsenbestimmung.

Der für die Destillation des Arsens erforderliche Apparat wird durch Fig. 27 veranschaulicht; er ist vom Assistenten zu entleihen.

25 ccm Lösung werden im Rundkolben des Apparates mit 100 ccm rauchender Salzsäure ($D = 1,19$), 1 g Kaliumbromid und 3 g Hydrazinsulfat ver-
setzt. Man verbindet den Kolben mittels des Schlif-fes mit dem in seinem mittleren Teil gekühlten, mindestens 8 mm weiten Destillationsrohr und gibt in den als Vorlage dienen-den, tief in kaltem Wasser stehenden Erlenmeyer-kolben[1]) 200 ccm Wasser. Das Destillationsrohr soll einige Millimeter über dem Wasser enden. Man erhitzt den Kolbeninhalt zum Sieden, so daß er im Lauf einer Stunde auf ein Volum von 20—30 ccm eingedampft wird (vorher Marke am Kolben anbringen!). Die Destillation muß so langsam erfolgen, daß sich die Vorlage nicht stark erwärmt (?).

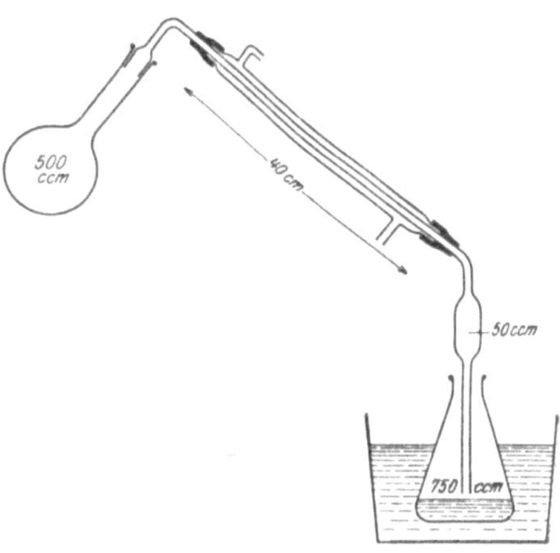

Fig. 27.
Apparat für die Arsendestillation.

Das Arsen befindet sich nun in der Vorlage. Man spült in diese hinein das Destillationsrohr aus, verdünnt die Arsenlösung auf 400 ccm und leitet Schwefelwasserstoff ein, bis sich das ausfallende Arsensulfid vollständig zusammengeballt hat. Der Niederschlag wird sofort (?) unter sehr schwachem Saugen[2]) in einem Goochtiegel filtriert, mit Alkohol gewaschen und bei 105° ge-trocknet.

---

[1]) Er ist mit einer Stativklammer so zu befestigen, daß auch sein Boden vom Wasser bespült wird.

[2]) Bei starkem Saugen wird die Sulfidschicht für Wasser fast undurch-lässig.

b) Antimonbestimmung.

Der Kolbeninhalt wird in einen 500 ccm-Erlenmeyerkolben gespült, indem man ihn dabei gleichzeitig mit 200 ccm Wasser verdünnt[1]), bis zum Sieden erhitzt und während des Abkühlens $1/2$ Stunde mit Schwefelwasserstoff behandelt. Man filtriert das Antimonsulfid nach vorhergehendem Dekantieren in einen Gooch-tiegel, wäscht es mit 1%iger Essigsäure, danach mit Alkohol und erhitzt es eine Stunde im Aluminiumblock auf 300° unter Durch-leiten von trockenem Kohlendioxyd. Der graue Rückstand ist dann reines Antimontrisulfid; ihm vorher beigemengter Schwefel ist verflüchtigt, Antimonpentasulfid in Trisulfid und Schwefel zerfallen. Das Antimonsulfid ist in der Hitze sehr empfindlich gegen Sauerstoff. Man bedeckt den Aluminiumblock mit zwei gut passen-den Uhrgläsern, um das Eindringen von Luft zu verhüten. Das Kohlendioxyd entnehme man einem schon längere Zeit benutzten Kippschen Apparat, nicht einer Bombe, da es in dieser immer lufthaltig ist. Auch beim Abkühlen des Aluminiumblockes leitet man fortgesetzt Kohlendioxyd ein. Weiße Stellen am Antimon-sulfid beweisen, daß es sich oxydiert hat.

Anzugeben: As, Sb in 25 ccm.

46. Analyse von Antimon-Blei-Sulfid.

(Zu bestimmen: Blei, Antimon, Schwefel.)

Verfahren: Die Substanz wird im Chlorstrom erhitzt; das dabei entstehende Sublimat fängt man in weinsäurehaltiger Salz-säure auf. Es verflüchtigen sich Antimonchlorid und Schwefel-chlorid, es hinterbleibt Bleichlorid. Der Schwefel findet sich nach Beendigung des „Chloraufschlusses" in der Vorlage als Schwefel-säure.

Der nicht flüchtige Rückstand wird in Salzsäure gelöst und mit überschüssiger Schwefelsäure eingedampft. Das Blei geht dabei in $PbSO_4$ über, wird in dieser Form abfiltriert, geglüht und zur Wägung gebracht.

Aus der sauren Lösung des Sublimates fällt man das Antimon mit Schwefelwasserstoff als Sulfid (gewogen als Sb_2S_3).

Die in der Vorlage befindliche Schwefelsäure wird in einem anderen Teil der Lösung als $BaSO_4$ bestimmt.

---

[1]) Einen etwa ausfallenden Niederschlag bringt man durch wenig Salz-säure in Lösung. Auch der Kolben wird, falls sich in ihm Antimonoxychlorid ausscheidet, mit Salzsäure ausgespült.

Ausführung: a) Das Aufschließen der Substanz.

Die Zersetzung durch Chlor nimmt man in dem durch Fig. 28 wiedergegebenen Apparat vor. A, das Aufschlußrohr, wird hergestellt, indem man ein etwa 15 mm weites, 50 cm langes Glasrohr vor dem Gebläse am einen Ende auf eine Strecke von ungefähr 10 cm zu etwa 8 mm Dicke auszieht, bei a, dicht am weiten Teil des Rohres, eine 2 mm weite Verengung anbringt und das dünnere Rohrstück in der Mitte rechtwinklig umbiegt. An das sorgfältig zu trocknende Rohr A schließt sich auf der einen Seite als Vorlage ein sog. Zehnkugelrohr B (vom Assistenten zu entleihen) an, welches ein sehr wirksames Waschen durchstreichender Gase mit Flüssigkeit erlaubt. Man gibt von dieser so viel hinein, daß sie etwa 5—6 Kugeln füllt, wenn man bei der in der Figur gezeichneten Stellung

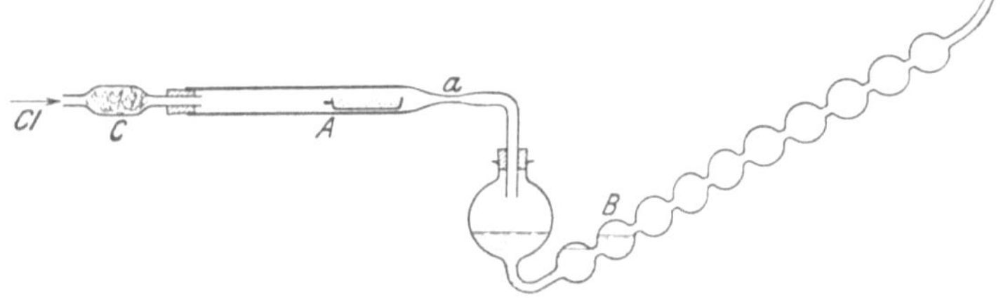

Fig. 28.
Apparat zum Chloraufschluß.

des Rohres von der großen Kugel aus hindurchbläst. Die Vorteile dieser Vorlage beruhen darauf, daß das Gas, welches abwechselnd aus engen in weitere Räume strömt, gründlich durchgewirbelt wird und mit dem Absorptionsmittel in innige Berührung kommt und daß ein Zurücksteigen der Waschflüssigkeit ausgeschlossen ist, da diese von der großen Kugel aufgenommen wird, sobald hier Unterdruck entsteht. Auf der anderen Seite von A wird bei der Analyse das Chlor eingeleitet. Man entnimmt es entweder einer Bombe oder stellt es nach einem der bekannten Verfahren[1] selbst her. Man leitet es durch eine Waschflasche mit Wasser, die bei Verwendung von Bombenchlor fortfallen kann, und durch zwei Waschflaschen mit konzentrierter Schwefelsäure, an welche sich noch ein mit scharf getrockneter Glaswolle dicht gefülltes Rohr (C der Fig. 28) anschließt, in welchem mitgerissene Säuretröpfchen zurückgehalten werden. Die gasdichte Verbindung von C mit A und A mit B erfolgt durch fehlerfreie, tadellos gebohrte Korke oder besser durch

---

[1] Am besten durch Zutropfenlassen von starker Salzsäure zu festem Kaliumpermanganat

Gummistopfen, denen man durch längeres Kochen in Natronlauge oberflächlich den Schwefel (?) entzogen hat. Das Zehnkugelrohr füllt man mit 10%iger Salzsäure, in welcher 3—4% Weinsäure gelöst wurden.

Man wägt 0,7—0,8 g der fein zerkleinerten Substanz aus dem Wägeröhrchen in ein getrocknetes Porzellanschiffchen hinein und bringt dieses in Rohr A nahe an die Verengung. Nachdem man die Dichtigkeit des Apparates geprüft hat (?), läßt man Chlor zutreten, so daß etwa 3 Blasen in der Sekunde die Waschflaschen durchstreichen[1]). Sobald das Sulfid mit dem Gas in Berührung kommt, erwärmt es sich, und es bildet sich ein Sublimat. Damit letzteres nicht die Verengung a verstopft, hält man diese dauernd warm. Wenn die Reaktion vorüber und wieder Abkühlung eingetreten ist, erhitzt man den Teil von A, in dem sich das Schiffchen befindet, mit einem Bunsenbrenner vorsichtig auf etwa 300° (also erheblich unter Rotglut). Man sorgt durch Regelung des Erwärmens dafür, daß der weite Teil von A von Sublimat frei bleibt und daß sich dieses nur hinter der Verengung a kondensiert. Man läßt, sobald sich aus dem Schiffchen nichts mehr verflüchtigt, den Apparat erkalten, unterbricht den Chlorstrom, stellt im Apparat durch kurzes Lüften des Stopfens zwischen A und C Atmosphärendruck her und trennt den engen und weiteren Teil von A, indem man das Rohr bei a mit einer kleinen Stichflamme (Handgebläse) durchschmilzt und die beiden Stücke auseinanderzieht. Das kleinere von diesen läßt man in Verbindung mit der Vorlage über Nacht stehen, damit das Sublimat Wasser aufnimmt.

b) Bleibestimmung.

Das Schiffchen wird an seiner Öse mit einem hakenförmig gebogenen Glasstab aus Rohr A herausgezogen und in einer dunkelglasierten 200 ccm-Porzellanschale mit wenig, verdünnter Salpetersäure auf dem Wasserbad erwärmt. Sobald die Substanz in Lösung gegangen ist, entfernt man das Schiffchen, spült es ab, versetzt die Flüssigkeit mit 2 ccm 50%iger Schwefelsäure, dampft sie auf dem Wasserbad möglichst ein und erhitzt sie auf dem Finkenerturm, bis dicke, weiße Schwefelsäuredämpfe entweichen. Dann kühlt man die Schale ab, verdünnt ihren Inhalt mit je 10 ccm Wasser und Alkohol und läßt sie bedeckt über Nacht stehen. Das ausgeschiedene Bleisulfat wird in einen Goochtiegel filtriert, mit Alkohol ausgewaschen und bis zu beginnender Rotglut erhitzt, wobei man den Goochtiegel in den Schutztiegel stellt.

---

[1]) Fehlt es am nötigen Überschuß von Chlor, so verflüchtigt sich unoxydierter Schwefel und sammelt sich in Form gelber Flocken in der Vorlage an. Der Chlorstrom ist in diesem Fall sofort zu verstärken.

c) Schwefelbestimmung.

Nachdem die Vorlage B genügend lange gestanden hat, schneidet man die beim Abschmelzen der Verengung a gebildete Spitze ab und leitet von hier aus $1/_2$ Stunde einen langsamen Kohlendioxydstrom durch das Zehnkugelrohr, um die Hauptmenge des in der Flüssigkeit gelösten Chlors zu entfernen. Dann nimmt man das rechtwinklig gebogene Stück von A aus B heraus und löst das in ihm befindliche Sublimat in weinsäurehaltiger Salzsäure (s. o.). Man läßt die Lösung durch einen Trichter in einen 500 ccm-Meßkolben fließen, spült den Inhalt der Vorlage dazu[1]) und füllt die Flüssigkeit auf 500 ccm auf.

In 200 ccm dieser Lösung bestimmt man die Schwefelsäure nach der bei Analyse 35 gegebenen Vorschrift.

d) Antimonbestimmung.

Weitere 200 ccm Lösung dienen zur Antimonbestimmung. Man fällt das Antimon in einem 300 ccm-Becherglas, indem man in die auf dem Wasserbad erhitzte Lösung bis zum Erkalten Schwefelwasserstoff einleitet. Das Antimonsulfid wird dann wie bei Analyse 45 weiter behandelt.

Anzugeben: % Pb, Sb, S.

Bemerkung: Das Aufschließen im Chlorstrom läßt sich häufig, z. B. bei der Analyse sulfidischer Mineralien, mit Vorteil zur Trennung von Elementen benutzen, deren Chloride verschieden flüchtig sind. Flüchtig sind u. a. die Chloride von Aluminium, Antimon, Arsen, Eisen, Quecksilber, Zink, Zinn. Es sei hervorgehoben, daß sich bei der Analyse eisenhaltiger Substanzen nach diesem Verfahren Eisen(3)-Chlorid meist im Sublimat und Rückstand vorfindet.

47. Kolorimetrische Bestimmung des Bleis in einer sehr verdünnten, neutralen Bleinitratlösung[2]).

Allgemeines über Kolorimetrie. Bei der kolorimetrischen Analyse bestimmt man die Menge eines Stoffes aus der Farbstärke einer Lösung, indem man diese mit Lösungen desselben Stoffes von bekanntem Gehalt vergleicht. Starkgefärbte, lösliche Verbindungen (z. B. Permanganate) untersucht man ohne weiteres, andere, nachdem man sie durch passende Reagentien in solche verwandelt

---

[1]) Etwa vorhandene geringe Mengen von milchig abgeschiedenem, freiem Schwefel (s. o.) kann man jetzt noch durch Zugeben von einigen Tropfen Brom und Erwärmen oxydieren.

[2]) Dem Assistenten ist eine gewöhnliche Bürette zu übergeben.

hat (z. B. Ammoniak mittels Nesslers Reagens). Statt wahrer Lösungen eignen sich zur kolorimetrischen Bestimmung vielfach auch die gefärbten kolloiden Lösungen, welche manche äußerst verdünnte Lösungen mit Reagentien geben, durch die sie bei größerer Konzentration ausgefällt werden. Derartige Färbungen müssen in der Regel bald nach ihrer Herstellung untersucht werden, da nach längerer Zeit Ausflockung stattfindet. Ein Beispiel bietet die unten beschriebene kolorimetrische Bleianalyse, bei welcher die Bildung von kolloidem Bleisulfid benutzt wird. Die Kolorimetrie findet mit besonderem Vorteil zur Bestimmung sehr kleiner Stoffmengen Verwendung.

Die Ausführung einer kolorimetrischen Analyse kann nach zwei Verfahren geschehen. Man sucht entweder diejenige Lösung bekannten Gehaltes, welche bei gleicher Schichtdicke dieselbe Farbe und natürlich auch dieselbe Konzentration hat wie die zu prüfende Lösung. Das ist mit sehr einfachen Hilfsmitteln möglich (s. u.). Bei farbigen Flüssigkeiten, welche sich beim Aufbewahren nicht verändern, kann man eine Reihe verschieden konzentrierter Vergleichslösungen ständig bereithalten. Bei dem zweiten Verfahren macht man von der Tatsache Gebrauch, daß zwei Lösungen desselben Stoffes von verschiedener Schichtdicke gleichstark gefärbt erscheinen, wenn ihre Konzentrationen den Schichtstärken umgekehrt proportional sind (Beersches Gesetz). Man verändert in besonderen Apparaten (Kolorimetern) die Schichthöhe einer der beiden zu vergleichenden Lösungen, bis beide gleichgefärbt sind, und berechnet die gesuchte Konzentration aus dem Verhältnis der Schichtdicken.

Verfahren: Man versetzt die gegebene Bleilösung mit überschüssiger Sulfidlösung und sucht aus einer Reihe ebenso behandelter Vergleichslösungen von verschiedenen, bekannten Bleigehalten diejenige heraus, welche in derselben Schichtdicke gleichgefärbt erscheint. Ihre Konzentration ist auch die der gegebenen Lösung. Die Analyse kann nur bei Tageslicht ausgeführt werden. Man arbeite möglichst schnell.

Ausführung[1]): Man trocknet rd. 1 g reinstes, käufliches (nötigenfalls umkristallisiertes) Bleinitrat bei 120°, wägt 0,0160 g davon ab und löst es im Meßkolben zu 1 l. Mit der im ccm 0,01 mg Pb enthaltenden Lösung (A) füllt man eine Bürette. Indem man je 40, 30, 20 und 10 ccm dieser Flüssigkeit im Meßzylinder auf 50 ccm verdünnt, stellt man vier weitere Lösungen (B, C, D, E) her, die 0,008, 0,006, 0,004 und 0,002 mg Pb im ccm enthalten.

---

[1]) Steht ein Kolorimeter zur Verfügung, so ist dieses für die Analyse zu benutzen.

An einem von 10 etwa gleich weiten und hohen Reagenz-
gläsern bringt man eine rd. 3 cm vom Rand entfernte Marke an
und bezeichnet genau dieselbe (vom Boden gemessene) Höhe
in der gleichen Weise an den übrigen 9 Gläsern. Nr. 1 füllt man
mit der gegebenen Bleilösung, Nr. 2 bis 6 mit den Vergleichslösungen A, B, C, D, E, Nr. 7 mit reinem Wasser bis zu den Marken
an. Nun gibt man in alle sieben je 3—4 Tropfen farblose etwa
10%ige Natriumsulfidlösung, schüttelt oder rührt die Flüssigkeiten
gut durch und vergleicht ihre Färbungen. Man hält je eine Ver-
gleichslösung dicht neben die zu analysierende, indem man von
oben gleichzeitig durch beide Flüssigkeiten gegen einen mit hellem,
diffusem Licht gleichmäßig beleuchteten weißen Untergrund
(schräggestelltes Blatt Papier od. dgl.) sieht. Ohne Schwierigkeit
ist so zu erkennen, zwischen welchen Konzentrationen der Vergleichslösungen die zu bestimmende Konzentration liegt. Sobald
dies festgestellt ist, bereitet man drei weitere Vergleichslösungen
von Zwischenkonzentrationen, so daß ihr Pb-Gehalt im ccm von
einer zur anderen um 0,0005 mg steigt, gießt sie in die Reagenz-
gläser Nr. 8, 9, 10 und vergleicht sie ebenfalls mit der gegebenen
Lösung. Lag deren Färbung z. B. zwischen denjenigen von C und D·
(0,006 und 0,004 mg/ccm), so hat man den drei neuen Lösungen
die Stärken 0,0055, 0,0050, 0,0045 mg/ccm zu geben, also je 27,5,
25 und 22,5 ccm der Lösung A auf 50 ccm zu verdünnen.

Durch die Analyse, welche zu wiederholen ist, bis eindeutige
Ergebnisse erzielt werden, ist die Konzentration der analysierten
Bleilösung auf 0,0005 mg Pb/ccm genau bestimmt.

Übersteigt der Bleigehalt der gegebenen Lösung 0,01 mg im
ccm, so ist die durch den Sulfidzusatz bewirkte Schwärzung für
die Vergleichung zu groß; die Flüssigkeit wird dann vor der
Analyse entsprechend verdünnt.

Anzugeben: mg Pb in 25 ccm.

IV. Elektroanalyse.

Allgemeines.

Die wässerigen Lösungen vieler Stoffe[1] sind bekanntlich Leiter
des elektrischen Stromes, und zwar elektrolytische Leiter, d. h. der
Durchgang der Elektrizität ist an den Ablauf chemischer Reaktionen geknüpft. Die elektrolytische Dissoziationstheorie lehrt,

---

[1] Nur wässerige Lösungen finden bei den gebräuchlichen Elektroanalysen Anwendung.

daß in den Lösungen dieser Substanzen, der „Elektrolyte“, neben undissoziierten Molekülen „Ionen“ enthalten sind, welche durch die Vereinigung positiver oder negativer elektrischer Ladungen (Elektronen) mit Atomen oder Atomgruppen entstehen und sich durch ihre $+$ oder $-$ Ladung von den chemischen Stoffen in ihrer gewöhnlichen, elektrisch neutralen Form unterscheiden.

Unterwirft man die Lösung eines Elektrolyten der Einwirkung passend gewählter elektrischer Kräfte, indem man z. B. zwei mit je einem Pol einer geeigneten Stromquelle in Verbindung stehende metallische Leiter, „Elektroden“, in die Flüssigkeit eintaucht, so beginnt eine Verschiebung der bis dahin in der Lösung gleichmäßig verteilten Ionen. Unter der Einwirkung der elektrischen Ladung der Elektroden wandern die negativ geladenen Ionen als „Anionen“ an die mit dem positiven Pol der Stromquelle verbundene Elektrode, die „Anode“, die positiven Ionen entsprechend als „Kationen“ an die negative „Kathode“. An den Elektroden findet ein Ausgleich der Elektrodenladung mit der entgegengesetzten Ladung der Ionen statt; die letzteren gehen in den elektrisch neutralen Zustand über und nehmen die uns bekannten Eigenschaften der betreffenden chemischen Stoffe an. Diese scheiden sich in vielen Fällen unverändert ab, Metalle in Form eines festen Überzuges, Gase als Blasen; oft reagieren sie mit der Elektrolytflüssigkeit, wie z. B. bei der Elektrolyse einer Natriumchloridlösung an der Kathode nicht freies Natrium, sondern Natriumhydroxyd und Wasserstoff entstehen. Die quantitative Elektroanalyse macht überwiegend vom ersten, nur selten vom zweiten Fall Gebrauch. Ein Beispiel für diesen ist die elektrolytische Bestimmung der Alkalien und Erdalkalien, welche sich auf die Titration der elektrolytisch gebildeten Basen gründet. Im allgemeinen aber dient der elektrische Strom bei der Analyse nur zur Ausfällung der zu bestimmenden Stoffe, deren Gewicht dann durch Wägung ermittelt wird, so daß die meisten elektroanalytischen Verfahren der Gewichtsanalyse zuzuzählen sind. Die wichtigsten von ihnen gelten der Bestimmung der Metalle. Man scheidet diese mit wenigen Ausnahmen an der Kathode ab. Die Ausnahmen finden bei denjenigen Metallen statt, welche sich durch anodische Oxydation in analytisch brauchbare, unlösliche und luftbeständige Oxyde überführen lassen. Während sich an der Kathode Reduktionsvorgänge abspielen, erfolgt an der Anode, an welcher ja in der Regel Sauerstoff entwickelt wird, eine Oxydation mancher Substanzen. So können z. B. Blei und Mangan als Dioxyde elektrolytisch an der Anode quantitativ gefällt werden.

Man hat auch die elektrolytische Bestimmung der eigentlichen Anionen, also der Säuren, in einzelnen Fällen mit Erfolg ausgeführt. Dabei werden Anoden aus einem Metall benutzt, welches mit dem betreffenden Anion ein unlösliches Salz bildet; Chlorion wird beispielsweise in Silberchlorid übergeführt. Praktische Wichtigkeit haben diese Verfahren bisher nicht erlangt, wogegen sich die elektrolytische Fällung der Metalle wegen ihrer bequemen und schnellen Ausführbarkeit großer Beliebtheit in Technik und Wissenschaft erfreut.

Spannung Stromstärke und Widerstand stehen in enger Beziehung zueinander. Man mißt sie nach Volt (V), Ampere (A) und Ohm (Ω). Nach dem Ohmschen Gesetz gelten die Beziehungen

$$\text{Stromstärke} = \frac{\text{Spannung}}{\text{Widerstand}} \text{ oder } A = \frac{V}{\Omega}\,.$$

Ohne daß auf diese physikalischen Dinge hier näher eingegangen wird, sollen nur einige für die Elektroanalyse wichtige Punkte hervorgehoben werden.

Der Einfluß der Spannung. Allen Elektrolyten kommt eine gewisse Zersetzungsspannung zu. Damit ein Ion aus seiner Lösung an der Elektrode abgeschieden wird, ist eine für jede Ionengattung charakteristische Spannungs- (Potential-) Differenz zwischen Lösung und Elektrode erforderlich. Über die Größe der in Betracht kommenden Spannungsunterschiede gibt die folgende Tabelle Auskunft, welche die Zersetzungsspannungen einiger Metall-Kationen für Lösungen von „normaler" Ionenkonzentration enthält, wobei die Zersetzungsspannung des Wasserstoffes = 0 gesetzt ist:

Mg	Al	Mn	Zn	Cd	Fe	Ni
+ 1,48	+ 1,28	+ 1,07	+ 0,77	+ 0,42	+ 0,34	+ 0,23 V

	Pb	H	Cu	Hg	Ag	
	+ 0,15	0	— 0,33	— 0,75	— 0,77 V.	

Ähnliche Tabellen lassen sich auch für die Anionen aufstellen.

Verminderung der Ionenkonzentration um eine Zehnerpotenz erhöht die Zersetzungsspannung um $0{,}06/n \cdot V$ (n = Wertigkeit des Ions); diese kann also durch sehr große Konzentrationsverschiebungen erheblich geändert werden.

Die für die elektrolytische Zersetzung einer Verbindung notwendige elektromotorische Kraft ist die Summe der Zersetzungsspannungen des Anions und Kations Die Potentialdifferenz zwischen den beiden Elektroden, also auch die Spannung der verwendeten Stromquelle, muß größer sein als diese Summe, wenn

Elektrolyse erfolgen soll; eine niedrigere Spannung zersetzt den betreffenden Elektrolyten nicht. Die für die Elektroanalyse erforderliche Spannung übertrifft die Zersetzungsspannung für normale Ionenkonzentration noch etwas, denn sie muß imstande sein, das Ion, auf dessen Abscheidung es ankommt, bis zu sehr kleiner Konzentration, bis auf einen praktisch belanglosen Rest, aus der Lösung zu entfernen.

Da, wie erwähnt, die Zersetzungsspannung bei verschiedenen Ionen verschieden ist, gelingt es z. B., zwei in Lösung befindliche Metalle zu trennen, indem man die Potentialdifferenz der Elektroden (die „Klemmenspannung") so regelt, daß sie zur Abscheidung des einen, nicht aber des anderen Metalles genügt. Ist das erste Metall entfernt, so kann man durch Erhöhen der Spannung auch das zweite ausfällen. Häufig ist allerdings eine derartige Trennung ohne weiteres nicht möglich, weil die Zersetzungsspannungen beider Metalle nicht genügend verschieden sind. Da kann man sich oft helfen, indem man der Elektrolytflüssigkeit ein Reagens zusetzt (Kaliumzyanid ist ein oft brauchbares Mittel), welches mit einem oder beiden Metallionen Komplex-Ionen bildet. Komplexbildung verringert die Ionenkonzentration meist in außerordentlich starker Weise. Infolgedessen werden auch die Zersetzungsspannungen geändert, und häufig so erheblich, daß nun die elektrolytische Trennung der beiden Metalle vorgenommen werden kann.

Unter Berücksichtigung der Zersetzungsspannung hat die Berechnung der Stromstärke A bei Elektrolysen nach der Formel

$$A = \frac{\text{Klemmenspannung minus Zersetzungsspannung (in V ausgedrückt)}}{\Omega}$$

zu erfolgen.

Die Spannungsmessung ist nach dem Gesagten für die Elektroanalyse von großer Bedeutung. Man begnügt sich meist damit, die Potentialdifferenz zwischen den beiden Elektroden mittels eines an ihre Klemmen angeschlossenen, dem Elektrolyten parallel geschalteten Voltmeters zu bestimmen. Für die Trennung von Metallen, deren Zersetzungsspannungen einander sehr nahe liegen, muß man das „Kathodenpotential", d. h. die Potentialdifferenz zwischen Kathode und Elektrolytflüssigkeit regeln. Dafür ist eine umständlichere Apparatur notwendig (vgl. die Literatur).

Die Stromstärke. Nach dem Faradayschen Gesetz ist die bei einer Elektrolyse an der Elektrode ausgeschiedene Substanzmenge der Stromstärke proportional. Je größer die Stromstärke ist, um so schneller wird eine Elektroanalyse zu beenden sein. Der Steigerung der Stromstärke ist dadurch eine Grenze gesetzt, daß beim

Durchgang zu großer Elektrizitätsmengen durch die Elektroden, d. h. bei zu großer „Stromdichte", eine Verarmung der Lösung an den abzuscheidenden Ionen in der unmittelbaren Umgebung der Elektrode erfolgt, da die verschwundenen Ionen nicht rasch genug aus den entfernteren Teilen der Lösung durch Diffusion und Strömung ersetzt werden können. Die Folge davon ist, daß unter Beteiligung des Lösungsmittels Nebenreaktionen auftreten, an der Kathode z. B. Wasserstoff-, an der Anode Sauerstoffentwicklung, Erscheinungen, welche bei der Elektroanalyse vermieden werden müssen. Gleichzeitig entstehender Wasserstoff macht beispielsweise eine ausgefällte Metallschicht schwammig und bröckelig, für eine quantitative Bestimmung also ungeeignet. Um derartige Mißerfolge auszuschließen, gibt man in den Vorschriften für die einzelnen Elektroanalysen meist die einzuhaltende Stromdichte an, d. h. das Verhältnis zwischen Stromstärke und Elektrodenoberfläche, auf das es hier ankommt, in Form der „normalen Stromdichte" (N. D.$_{100}$), der Stromstärke für 1 qdm = 100 qcm Elektrodenoberfläche.

Ist z. B. bei einer Elektrolyse vorgeschrieben „N. D.$_{100}$ = 1 A", und hat man die Oberfläche der benutzten Kathode[1]) zu 25 qcm ermittelt, so muß die Stromstärke bei der Zersetzung 0,25 A betragen.

Die Stromstärke wird an einem mit der Zersetzungszelle „hintereinander" geschalteten Amperemeter abgelesen.

Der Widerstand. Es wurde schon erwähnt, daß sich die Stromstärke bei einer Elektrolyse durch Änderungen in der Zusammensetzung der Elektrolytflüssigkeit, d. h. durch Veränderung des „inneren" Widerstandes regeln läßt. Auch durch Einschalten eines „äußeren" Widerstandes, zwischen Stromquelle und Elektrolysiergefäß, können die Klemmenspannung an den Elektroden und damit die Stromstärke verkleinert werden. Man verwendet zu diesem Zweck Regulierwiderstände, bei welchen man durch Verschieben eines Kontaktes auf dem Widerstandsdraht die Größe des eingeschalteten Widerstandes regeln kann. Auf jedem Regulierwiderstand ist sein Widerstand in Ω und die maximale Stromstärke in A angegeben, mit welcher er belastet werden darf.

---

[1]) Die Oberfläche der viel verwendeten zylindrischen Drahtnetzelektroden wird nach der Formel $S = 2\,\pi\,\mathrm{d} \cdot \mathrm{l} \cdot \mathrm{b}\sqrt{n}$ berechnet, wo S die Oberfläche, d den Drahtdurchmesser, n die Anzahl Maschen im qcm, l den Umfang und b die Höhe des Zylinders bedeuten. Im allgemeinen kann man mit einer engmaschigen Drahtnetzelektrode verfahren, als wenn sie ein zusammenhängendes Blech von den gleichen äußeren Abmessungen wäre.

Stromquellen. Die geeignetste Stromquelle für die meisten Elektroanalysen ist der Bleiakkumulator. Die Reaktionsgleichung für die stromliefernden Vorgänge ist

$$PbO_2 + Pb + 2\,H_2SO_4 \rightleftarrows 2\,PbSO_4 + 2\,H_2O\,.$$

Beim „Laden" des Bleiakkumulators gilt die von rechts nach links gelesene Gleichung, beim „Entladen" vollzieht sich die umgekehrte Reaktion.

Im geladenen Bleiakkumulator stehen sich Bleidioxyd ($+$ Pol) und metallisches Blei ($-$ Pol) in verdünnter Schwefelsäure gegenüber. Die elektromotorische Kraft des Bleisammlers beträgt während des größten Teiles der Entladung 2,0 Volt. Ist die Spannung eines Bleiakkumulators, die vor jeder Benutzung mit dem Voltmeter zu messen ist, auf 1,90 V gesunken[1]), so muß er frisch aufgeladen werden. Durch Hintereinanderschalten mehrerer Akkumulatoren stellt man Stromquellen mit höheren Spannungen als 2 V her.

Der Edisonakkumulator hat eine mittlere Entladespannung von rd. 1,35 Volt. Der Elektrolyt ist Kalilauge. Die stromliefernde Reaktion kann etwa

$$2\,Ni(OH)_3 + Fe = 2\,Ni(OH)_2 + Fe(OH)_2$$

formuliert werden. In Wirklichkeit ist sie weniger einfach, weil mehrere Eisenoxyde auftreten.

Die Elektroden. Man verwendet bei der quantitativen Elektrolyse fast stets Platinelektroden und gibt der Elektrode, an welcher die Fällung stattfinden soll, eine möglichst große Oberfläche, um die Stromstärke groß wählen zu können (s. o.).

Benutzt man als Fällungselektrode eine (für manche Analysen zweckmäßigerweise mattierte) Platinschale, in welche die zu elektrolysierende Flüssigkeit hineingegossen wird, so dient als zweite Elektrode meist eine kleinere, durchlochte Platinschale oder -scheibe an einem starken Draht aus Platin-Iridium (s. Fig. 29 I). Wenn man die Zersetzung in einem Becherglas ausführt, verwendet man als Fällungselektrode meist eine Drahtnetzelektrode (Fig. 29 II), welche aus einem durch stärkere Drähte versteiften Zylinder aus feinem Platindrahtnetz und einem Haltedraht besteht; als zweite Elektrode benutzt man einen am Ende spiralig gewundenen, starken Platindraht. Die Haltedrähte müssen hinreichend lang sein (vgl. Nr. 48). Elektrolysiergefäß und Elektroden werden in einem

---

[1]) Genauer unterrichtet man sich über den Grad der Entladung durch Messen der Säuredichte.

Elektrolysestativ befestigt, dessen Klammern mit Klemmen für die Stromzuführung versehen sind und dessen Stab zur Vermeidung von Kurzschlüssen aus Glas besteht. Die Platinschale stellt man auf einen die Stromzuleitung ver-
mittelnden Metallring[1]); die Elek-
troden befestigt man in den Elek-
trodenhaltern. Die Gefäße sind während der Elektrolyse mit halbierten und entsprechend durch-
lochten Uhrgläsern bedeckt zu halten.

Die Vorrichtung zum Rotieren einer Elektrode wird bei Analyse 52 beschrieben.

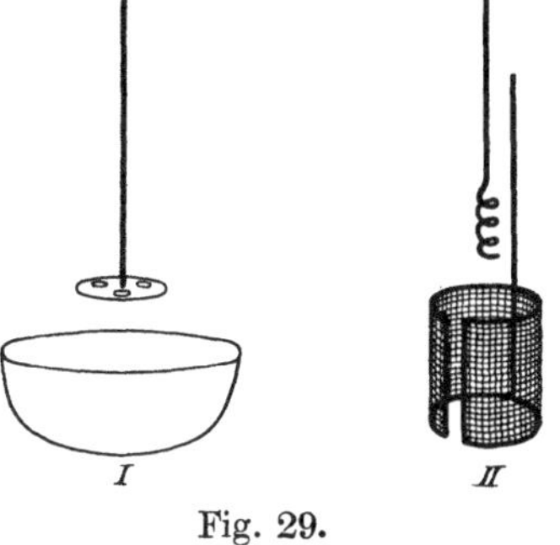

Fig. 29.
Elektroden.

Manche Metalle, deren Ab-
scheidung in wägbarer Form sonst nicht möglich ist, kann man an einer sog. Quecksilberkathode als Amalgame niederschlagen (vgl. Analyse 53).

Wahl des Elektrolyten. Für die elektrolytische Bestimmung der Metalle eignen sich vornehmlich Sulfat- und Nitratlösungen (warum nicht Chlorid?). Es wurde bereits darauf hingewiesen, daß man sie zur Erhöhung der Leitfähigkeit mit kleinen Mengen von Mineralsäuren u. dgl., oft auch zur Bildung von Komplexverbin-
dungen (wie Metallammoniaken, komplexen Zyaniden, Oxalaten u. a. m.) mit geeigneten Reagenzlösungen versetzt. Saure Lösungen ermöglichen die Trennung von Metallen, welche in der Spannungs-
reihe auf verschiedenen Seiten des Wasserstoffes stehen; nur ein Metall, welches edler ist als Wasserstoff (?), kann sich im allge-
meinen[2]) bei Gegenwart von Säure abscheiden (vgl. die Trennung von Cu und Ni, Analyse 49).

Schnellelektrolyse. Die bei kalten, unbewegten Elektrolyt-
flüssigkeiten oft viele Stunden betragende Dauer einer Elektro-
lyse verkürzt man durch Erwärmen der Lösung, wobei neben der Vergrößerung der Leitfähigkeit vor allem die Verminderung der inneren Reibung und die dadurch bedingte Vermehrung von Strömung und Diffusion eine Rolle spielen.

---

[1]) Der zur Sicherung des Kontaktes drei Platinstifte tragen kann.
[2]) Die Erscheinung der sog. Überspannung macht die Verhältnisse oft verwickelter.

Eine ungleich wirksamere Beschleunigung der Elektrolyse erreicht man durch kräftiges Rühren der Flüssigkeit (Schnellelektrolyse). Die Stromstärke läßt sich dann, weil den Elektroden immer neue Lösung zugeführt wird, auf das Mehrfache der sonst zulässigen steigern. In der Regel ist es die nicht zur Fällung benutzte Elektrode, welche man bei der Schnellelektrolyse mittels eines kleinen Motors in rasche Umdrehung versetzt und so als Rührer verwendet. Die Durchmischung der Elektrolytflüssigkeit läßt sich auch durch Einleiten eines Gases sowie dadurch erzielen, daß man das Elektrolysiergefäß evakuiert, wobei die elektrolytisch entwickelten Gasblasen sich vergrößern und eine hinreichende Rührwirkung äußern.

48. Elektrolytische Bestimmung von Kupfer in einer Kupfersulfatlösung[1]).

Verfahren: Das Kupfer wird aus schwach schwefelsaurer Lösung mit einem Strom von 2 V, der von einem Bleiakkumulator geliefert wird, auf einer Drahtnetzkathode als Metall abgeschieden und gewogen.

Ausführung: Erforderliche elektrische Apparate: 1 Drahtnetzelektrode von 10 cm Umfang und 5 cm Höhe, 1 Spiralelektrode, 1 Bleiakkumulator, 1 Amperemeter (0—1 A), 1 Voltmeter (0—5 V), 1 Glasstabstativ mit Zubehör, 1 doppelt durchbohrtes, durchschnittenes Uhrglas.

Man reinigt die Kathode mit heißer Salpetersäure, wäscht sie mit Wasser und reinem Alkohol ab, trocknet sie 15 Minuten bei 100°, hebt sie $1/_2$ Stunde im Exsikkator auf und wägt sie. Inzwischen stellt man die Apparatur in der Weise zusammen, wie es Fig. 30 veranschaulicht. Die Enden der zur Verbindung dienenden, umsponnenen Kupferdrähte sind vom Isoliermaterial zu befreien und blank zu machen; auch alle Klemmen und sonstigen Kontakte sind sorgfältig zu säubern. Zur sicheren Vermeidung von Kurzschluß empfiehlt es sich, am Glasstab des Statives zwischen den

Fig. 30.
Apparat für die Elektrolyse.

---

[1]) Dem Assistenten ist eine Ausgabepipette zu übergeben.

beiden Elektrodenklammern einen Gummiring (Stückchen Gummischlauch) anzubringen. Die Kathode soll den Boden des auf einem Drahtnetz stehenden 200 ccm-Becherglases fast berühren. Die Spiralanode muß sich genau in der Achse des Kathodenzylinders befinden. Das Becherglas wird mit einem zweifach durchbohrten und halbierten Uhrglas bedeckt. Die Haltedrähte der Elektroden müssen so lang sein, daß zwischen Uhrglas und Klammern des Glasstabstatives ein Abstand von etwa 10 cm bleibt, oder sie werden seitlich umgebogen (vgl. die Kathode in Fig. 30), damit nicht an den metallenen Klammern Flüssigkeit sich kondensieren und die Elektrolytlösung verunreinigen kann. **Dies ist bei allen mit warmer Lösung ausgeführten Elektroanalysen zu beachten.** Der Strom wird zunächst noch nicht eingeschaltet. Die Spannung des Akkumulators soll 2 Volt übersteigen. Sie ist hier wie bei den späteren Elektroanalysen zunächst zu prüfen.

Man bringt 25 ccm Kupferlösung[1]) mit einer Pipette in das Becherglas, versetzt sie mit 10 ccm 10%iger Schwefelsäure und verdünnt sie mit Wasser auf rd. 100 ccm, bis die Kathode sich ganz in der Flüssigkeit befindet. Nun erwärmt man letztere mit einem Mikrobrenner auf 70—80°, so daß sie also nicht ins Sieden kommt, und schaltet den Strom ein, ohne den Brenner zu entfernen. Alsbald beginnt die Abscheidung metallischen Kupfers auf der Kathode. Nach 50—60 Minuten wird die Lösung in der Regel entfärbt sein. Ist dies der Fall, so elektrolysiert man noch eine weitere halbe Stunde, hebt dann nach Entfernen des Uhrglases das Stativ mit den Elektroden schnell hoch und taucht diese vorsichtig, ohne den Strom zu unterbrechen (?), in ein bereitgehaltenes, zu $^2/_3$ mit heißem Wasser gefülltes 200 ccm-Becherglas. Nach 10 Minuten schaltet man den Strom aus, wäscht die mit dem lachsfarbigen Kupferbeschlag bedeckte Kathode mit Alkohol, trocknet und wägt sie wie vorher. Man prüfe die gesamte Lösung und Waschflüssigkeit mit Kalium-Eisen(2)-zyanid (?). Den sichersten Beweis für die Vollständigkeit einer elektrolytischen Abscheidung erhält man, wenn man die elektrolysierte Lösung mit der gewogenen Elektrode weiter elektrolysiert und sich überzeugt, daß sich das Elektrodengewicht nicht mehr vergrößert.

Bei der zweiten Bestimmung benutzt man die noch mit Kupfer bedeckte Kathode.

Anzugeben: Cu in 25 ccm.

---

[1]) Sie enthält noch keine freie Säure.

49. Elektrolytische Bestimmung von Kupfer und Nickel in einer Kupfer- und Nickelsulfatlösung.

Verfahren: Man scheidet zunächst aus schwefelsaurer Lösung das Kupfer ab, dann das Nickel, nachdem man die Flüssigkeit mit überschüssigem Ammoniumkarbonat versetzt hat.

Ausführung: Erforderliche elektrische Apparate: Wie bei Analyse 48; ferner 1 Regulierwiderstand (5 Ω, 2 A)[1], ein zweiter Bleiakkumulator.

25 ccm Lösung werden in einem 200 ccm-Becherglas mit 1 ccm konzentrierter Schwefelsäure angesäuert und mit so viel Wasser versetzt, daß die den Boden fast berührende Drahtnetzkathode eben bedeckt ist. Abscheidung und Wägung des Kupfers werden wie bei der vorigen Analyse ausgeführt; jedoch nimmt man die Reinigung der verkupferten Elektrode zunächst durch Abspülen mit Wasser vor, welches man zu der Nickellösung im Becherglas fließen läßt.

Vor der Nickelbestimmung ändert man die Apparatur, indem man den zweiten Akkumulator hinter den ersten schaltet und in eine der vom Akkumulator zur Elektrode führenden Draht- leitungen den Regulierwiderstand einfügt. Der Nickellösung setzt man unter vorsichtigem Lüften des Uhrglases rd. 10 g festes Ammo- niumkarbonat und 50 ccm 25%iges Ammoniak zu und erwärmt sie gelinde, wobei Entwicklung von Kohlendioxyd und Ammoniak eintritt. Dann bringt man die Kathode, nachdem man den ge- wogenen Kupferüberzug mit Salpetersäure entfernt hat, in die Flüssigkeit, schließt den Strom und elektrolysiert bei 50—60° unter Benutzung des Regulierwiderstandes so, daß N. D.$_{100}$ = rd. 1,3 A ist (die Klemmenspannung zwischen den Elektroden beträgt 3 bis 4 V). Kleine Mengen Nickel(3)-Hydroxyd, welche bei Mangel von Ammoniak im Elektrolyten mitunter an der Anode auftreten (?), verschwinden, wenn man den Strom auf kurze Zeit unterbricht. Nach 2 Stunden, die in der Regel zur vollständigen Fällung des Nickels genügen, prüft man 1 ccm mit Dimethylglyoximlösung darauf, ob alles Nickel gefällt ist, und wäscht, sobald dies der Fall ist, die Kathode wie früher, trocknet und wägt das glänzende, wie Platin aussehende Nickel.

Anzugeben: Cu, Ni in 25 ccm.

---

[1] Selbstverständlich kann auch jeder leistungsfähigere Widerstand be- nutzt werden.

50. Bestimmung von Nickel und Kobalt in einer Nickel- und Kobaltsulfatlösung.

(Verbindung von Elektroanalyse und Gewichtsanalyse.)

Verfahren: Man scheidet beide Metalle elektrolytisch aus ammoniakalischer Lösung ab, wägt sie zusammen, löst sie in HNO_3, fällt Ni als Dimethylglyoximsalz und wägt es nach Trocknen des Niederschlages bei 110° als $Ni(C_4H_7N_2O_2)_2$ (vgl. Zeitschrift f. anorganische Chemie 46, 144 [1905]). Co berechnet sich aus der Differenz.

Ausführung: Erforderliche elektrische Apparate: Wie bei Analyse 49.

25 ccm Lösung werden in einem 200 ccm-Becherglas mit 6 g Ammoniumsulfat und 50 ccm 25%igem Ammoniak versetzt und auf 125 ccm verdünnt. Die Elektrolyse wird wie bei Nr. 49 mit zwei hintereinander geschalteten Akkumulatoren vorgenommen; N. D.$_{100}$: 0 0,5—0,7 A, Klemmenspannung: 2,8—3,5 V, Dauer: mindestens 6 Stunden, am besten über Nacht. Nach Entfernen der Elektroden prüft man die Lösung durch Zugeben von etwas Dimethylglyoximlösung (s. u.) auf einen etwaigen Gehalt an Nickelsalz (warum prüft man auf Nickel, nicht auf Kobalt?). Es darf nach einiger Zeit nur eine leichte Trübung auftreten. Erscheint ein deutlicher Niederschlag, so war die elektrolytische Metallabscheidung unvollständig, und die Analyse ist zu wiederholen. Auswaschen und Wägen des Nickel-Kobalt-Gemisches geschehen wie bei Nr. 49.

Danach stellt man die Elektrode in ein 100 ccm-Becherglas, gibt auf dessen Boden einige Kubikzentimeter konzentrierte Salpetersäure, bedeckt es mit einem Uhrglas und erwärmt $^1/_2$ Stunde auf dem Wasserbad. Die Säure kondensiert sich im Drahtnetz und löst alles Nickel und Kobalt herunter. Man spült die Elektrode mit Wasser ab, verdünnt die salpetersaure Lösung auf 250 ccm und benutzt davon 100 ccm für die Nickelbestimmung. Diese werden in einem 500 ccm-Becherglas auf 250 ccm verdünnt, zum Sieden erhitzt und nach Entfernen der Flamme mit der für den Fall, daß alles elektrolytisch ausgefällte Metall aus Nickel besteht, berechneten Menge einer 1%igen alkoholischen Lösung von Dimethylglyoxim, $\frac{(CH_3) \cdot C : NOH}{(CH_3) \cdot C : NOH}$, und mit Ammoniak bis zum Auftreten von deutlichem NH_3-Geruch versetzt. Man sammelt das kristallinisch abgeschiedene, rote Dimethylglyoxim-Nickelsalz nach 5 Minuten in einem Goochtiegel, wäscht es mit heißem Wasser aus und trocknet es bei 110—120° bis zur

Gewichtskonstanz. Die erste Wägung kann nach $^3/_4$ ständigem Trocknen erfolgen. Der Nickelgehalt des Nickel-Dimethylglyoxims entspricht der Formel.

Anzugeben: Ni, Co in 25 ccm Lösung.

51. Elektrolytische Trennung von Kupfer und Silber mittels des Edisonakkumulators in einer Lösung von Kupfer- und Silbernitrat.

Verfahren: Ag wird mittels des Edisonakkumulators abgeschieden, dessen mittlere Entladespannung von 1,35 Volt die Zersetzungsspannung des Ag-Salzes übertrifft, für die Ausscheidung des Cu aber nicht ausreicht. Cu wird danach wie früher mittels des Bleiakkumulators ausgefällt.

Ausführung: Erforderliche elektrische Apparate: Wie bei Analyse 48; ferner ein Edisonakkumulator, dessen Spannung unter 1,38 V liegen muß. Übersteigt sie, wie es bei frisch geladenen Akkumulatoren der Fall ist, diesen Wert, so ist der Akkumulator zunächst durch einen geeigneten Widerstand hindurch teilweise zu entladen.

25 ccm Lösung werden im Becherglas mit 2 ccm konzentrierter Schwefelsäure, 5 ccm Alkohol und so viel Wasser versetzt, daß die Flüssigkeit noch etwa 2 cm über dem Drahtnetz der Kathode steht. Der Alkoholzusatz wirkt „depolarisierend"; er verhindert durch seine reduzierenden Eigenschaften, daß sich bei der Elektrolyse an der Anode eine sonst auftretende schwarze, sauerstoffreiche Silberverbindung ausscheidet. Man erhitzt die Flüssigkeit bis nahe zum Sieden, hält sie weiter auf dieser Temperatur und elektrolysiert sie mit dem Edisonakkumulator ohne Widerstand, bis die anfangs rd. 0,2 A betragende Stromstärke auf einen sehr kleinen Wert, etwa unter 0,01 A, gesunken ist. Man setzt die Elektrolyse danach noch $^1/_4$ Stunde in der Wärme fort, läßt dann den Elektrolyten unter Strom bis auf Handwärme abkühlen (Gesamtdauer: $1^1/_2$ bis 2 Stunden), wäscht, trocknet und wägt die Kathode wie bei Nr. 48.

Nachdem man die wässerige Waschflüssigkeit auf kleines Volum eingedampft und mit der übrigen Kupferlösung vereinigt hat, scheidet man das Kupfer auf der mit Salpetersäure wieder gereinigten Kathode mittels des Bleiakkumulators nach Nr. 48 ab. Da die Lösung hier salpetersäurehaltig ist, läßt man sie zum Schluß unter Strom erkalten, ehe man die Elektrode herausnimmt.

Prüfung: Die hinterbleibende Flüssigkeit darf weder Kupfer- noch Silberreaktion, die beim Aufnehmen des Kupferniederschlages in wenig Salpetersäure entstehende Lösung keine Silberreaktion geben.

Anzugeben: Ag, Cu in 25 ccm.

52. Schnellelektrolytische Bestimmung von Blei in einer Bleinitratlösung[1]).

Verfahren: Blei wird aus stark salpetersaurer Lösung als PbO_2 an der Anode abgeschieden. Zur Beschleunigung der Ausfällung läßt man die andere Elektrode (hier also die Kathode)[2]) rotieren.

Ausführung: Erforderliche elektrische Apparate: 1 kleiner Elektromotor von rd. $^1/_{100}$ PS mit Tourenregulierer, 1 Halter für den Rührer mit Stromzuführungsklemme und Backenfutter zum Festklemmen des Rührers, 1 Elektrolysestativ mit Zubehör (Ring mit 3 Platinspitzen)[3]), 1 mattierte Platinschale von rd. 200 ccm Inhalt, 1 Scheiben- oder Schalenelektrode mit 2 mm starker Platiniridiumachse, 3—4 Bleiakkumulatoren, 1 Regulierwiderstand (3 Ω, 10 A), 1 Voltmeter (0—10 V), 1 Amperemeter (0—10 A), 1 einfach durchbohrtes, durchschnittenes Uhrglas.

Das Bleidioxyd wird auf der als Anode dienenden mattierten Platinschale niedergeschlagen. Man reinigt diese mit Salpetersäure und Wasser, trocknet sie bei 200° im Lufttrockenschrank und wägt sie. Die gesamte Apparatur wird nach Fig. 31 zusammengestellt. Die Schnurübertragung zwischen Motor und Rührer ist so zu wählen, daß dieser, in Wasser laufend, etwa 500 Umdrehungen in der Minute machen kann. Nachdem man den Motor mit dem zugleich als Anlaßwiderstand dienenden[4]) Tourenregulierer und dem Stromanschluß verbunden hat, setzt man die Rührvorrichtung in Gang und zentriert die Scheibenelektrode sorgfältig im Futter des Halters, den man zweckmäßigerweise durch eine Gummikappe (aus einem Gummifingerling herzustellen) vor den Säuredämpfen schützt. Der die Platinschale tragende Ring wird an einem besonderen Glasstabstativ befestigt, weil das andere Stativ beim Arbeiten des Motors erschüttert wird. Die rotierende Elektrode soll sich etwa in halber Höhe der Platinschale befinden.

---

[1]) Dem Assistenten ist eine Ausgabepipette zu übergeben.

[2]) Bei den meisten, ja kathodisch erfolgenden schnellelektrolytischen Metallbestimmungen rotiert die Anode.

[3]) Alles bisher Genannte ist an den käuflichen Stativen für Schnellelektrolyse vereinigt.

[4]) Beim Anlassen eines Motors ist die Stromstärke allmählich zu steigern.

Nachdem alles vorbereitet ist, füllt man 25 ccm Bleilösung in die Schale und fügt 15 ccm konzentrierte Salpetersäure und so viel Wasser hinzu, daß die Flüssigkeit nach dem Anstellen des Rührers noch rd. 2 cm vom Schalenrand entfernt bleibt. Bevor man die Probe hierauf macht, ist die Schale mit dem Uhrglas zu bedecken. Man erwärmt nun die Flüssigkeit bis nahe zum Sieden, setzt den Rührer in Tätigkeit, schaltet den Elektrolysierstrom ein und entfernt den Brenner. Der Strom wird so geregelt, daß die Stromstärke 2—3 A beträgt. Nach 10 Minuten unterbricht man ihn für einige Sekunden, um die Auflösung des an der Kathode abgeschiedenen metallischen Bleis zu beschleunigen, und wiederholt dies noch einmal gegen Schluß der Analyse. Nach 30 Minuten prüft man eine

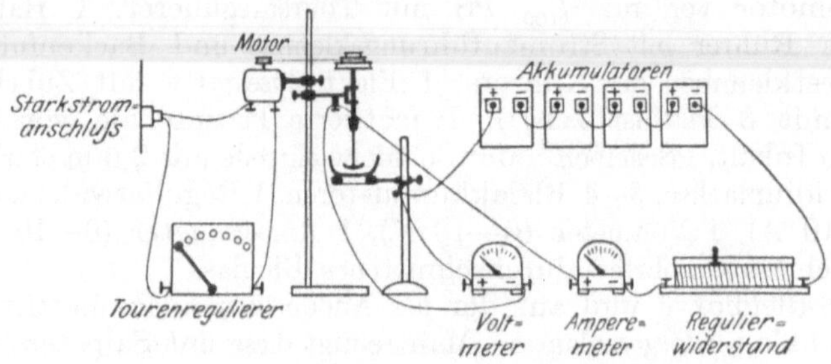

Fig. 31.
Apparat für die Schnellelektrolyse.

Probe der Lösung mit Ammoniak und Schwefelwasserstoff auf Blei. Falls die Fällung beendet ist, schaltet man beide Stromquellen aus, wäscht die Schale vorsichtig mit heißem Wasser aus, trocknet sie eine Stunde bei 200° und wägt sie. Den Bleigehalt des so behandelten Bleidioxydes findet man durch Multiplizieren des gefundenen Gewichtes mit dem empirischen Faktor 0,8643[1]). Das Bleidioxyd soll gleichmäßig dunkel gefärbt sein; sieht es heller aus, so war es zu hoch erhitzt.

Der Bleidioxydbeschlag ist aus der Schale am leichtesten mit verdünnter Salpetersäure und Natriumnitrit (Abzug!) herauszulösen.

Anzugeben: Pb in 25 ccm.

Bemerkung: Auf ähnliche Weise wie das Blei ist Mangan als MnO_2 zu bestimmen. Wird die Schale zur Kathode gemacht, so kann mit diesem Apparat die Elektroanalyse fast aller Schwermetalle in kurzer Zeit ausgeführt werden.

---

[1]) Statt mit dem theoretischen Faktor 0,8662; das Bleidioxyd hält etwas Wasser zurück.

53. Schnellelektrolytische Bestimmung von Quecksilber in einer schwach salpetersauren Quecksilber(1)-Nitratlösung an einer Quecksilberkathode[1]).

Verfahren: Das als Kathode dienende Quecksilber befindet sich auf dem Boden des Elektrolysiergefäßes und wird vor der Analyse mit letzterem gewogen. Es steht durch einige den Gefäßboden durchsetzende Platinkontakte mit dem negativen Pol der Stromquelle in Verbindung. Während der mit rotierender Anode vorgenommenen Elektrolyse vermehrt es sein Gewicht durch das aus der schwach salpetersauren Nitratlösung ausgeschiedene Quecksilber, dessen Menge durch eine zweite Wägung ermittelt wird, nachdem Quecksilberschicht und Gefäß gewaschen und getrocknet sind.

Ausführung: Erforderliche elektrische Apparate: 3 Bleiakkumulatoren, Regulierwiderstand, Rührvorrichtung, Amperemeter, Voltmeter wie bei Aufgabe 52. Ferner ein 75 ccm-Kölbchen mit drei am Rand des nach oben gewölbten Bodens eingeschmolzenen rd. 7 mm langen, 0,5—0,6 mm starken Platinstiften (s. Fig. 32), 1 Kupferblechplatte von rd. 9 cm Durchmesser, 1 Drahtanode mit flacher Spirale (s. die Figur) aus 2 mm starkem Platiniridiumdraht (Durchmesser der Spirale rd. 2 cm, Länge der Achse rd. 10 cm), 1 Elektro lysestativ mit (Platinstift-) Ring, 1 Trichter.

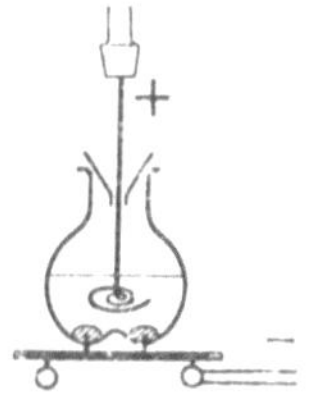

Fig. 32.
Apparat für die Elektrolyse mit Quecksilberkathode.

Die Apparatur wird entsprechend Fig. 32 zusammengestellt. In das sorgfältig gereinigte Kölbchen gibt man so viel reinstes Quecksilber, daß die Platinstifte damit bedeckt sind (30—40 g), und spült die Zelle dreimal mit reinstem, ohne Rückstand flüchtigem (Prüfung!) Alkohol aus, indem man sie vorsichtig in der Hand dreht, um das Quecksilber gründlich auszuwaschen, und den Alkohol unter Vermeidung von Quecksilberverlusten abgießt. Der Alkoholdampf wird dann abgesaugt, das Glasgefäß außen abgetrocknet, in den Exsikkator gebracht und nach einer halben Stunde gewogen.

Nachdem man 25 ccm der schwach salpetersauren Quecksilber(1)-Nitratlösung in die Zelle gefüllt hat, legt man die Kupferplatte auf den Messingring des Elektrolysestatives und stellt das Gefäß darauf. Dann befestigt man die Achse der Spiralanode, die durch einen kleinen, in den Kolbenhals gesetzten Trichter mit abgesprengtem Rohr (vgl. Fig. 32) hindurchgeht, so im Futter des

---

[1]) Dem Assistenten ist eine Ausgabepipette zu übergeben.

Rührerstatives, daß sich die Spirale rd. $1^1/_2$ cm über der Quecksilberfläche befindet. Nachdem der Rührer mit etwa 500 Umdrehungen in der Minute[1]) in Gang gesetzt ist, erwärmt man die Flüssigkeit schwach mit einem unter die Kupferplatte gestellten Mikrobrenner, schließt den elektrolysierenden Strom und regelt seine Stärke, indem man den Widerstand des Elektrolyten durch tropfenweises Zusetzen von Salpetersäure verkleinert, so daß sie bei einer Klemmenspannung von ungefähr 5 V 2—3 A beträgt. Nach rd. 10 Minuten prüft man von Zeit zu Zeit einen Tropfen der Lösung auf weißem Untergrund mit Ammoniumsulfidlösung. Erfolgt dabei keine Färbung mehr, so wartet man noch fünf Minuten und wäscht dann die Zelle mit heißem Wasser aus, ohne den Strom zu unterbrechen. Man stellt dazu den Rührer ab und saugt mit einer Pipette, deren Mundstück einen längeren Schlauch trägt, die Flüssigkeit so weit heraus, daß die Anodenspirale eben noch eintaucht, füllt heißes Wasser nach, saugt es wieder ab usf., bis das Verschwinden der Wasserstoffentwicklung anzeigt, daß die Säure entfernt ist. Nun erst schaltet man den Strom aus, trocknet und wägt die Zelle wie vorher. Die abgesaugte Elektrolytlösung darf durch Ammoniumsulfid nicht dunkel gefärbt werden.

Anzugeben: Hg in 25 ccm.

54. Bestimmung von Kupfer, Zink und Zinn in einer Legierung.

(Verbindung von Gewichts-, Maß- und Elektroanalyse.)

Verfahren: Man oxydiert die Legierung mit HNO_3, filtriert die etwas CuO-haltige Zinnsäure ab, glüht und wägt sie als SnO_2. Dieses schließt man durch Schmelzen mit Na_2CO_3 und S auf, wobei Sn in Sulfostannat und Cu in CuS übergehen. CuS wird durch Behandeln mit H_2O isoliert und durch Glühen in CuO verwandelt. Man wägt das CuO und zieht das gefundene Gewicht vom Gewicht des SnO_2 ab.

Das Filtrat von der Zinnsäure dampft man mit H_2SO_4 ein, bestimmt darin Cu elektrolytisch und Zn nach der Abscheidung des Cu durch Titration mit $K_4Fe(CN)_6$.

Ausführung: Man übergießt etwa 1 g Legierung in einer dunkelglasierten 300 ccm-Porzellanschale mit 10 ccm konzentrierter Salpetersäure (Uhrglas), erwärmt den Schaleninhalt zunächst schwach und dampft ihn nach Beendigung der Reaktion und nach Aufhören der Gasentwicklung auf dem Wasserbad zur Trockene ein.

---

[1]) Ihre Zahl kann durch einen Tourenzähler geprüft werden.

Der Rückstand wird unter .Erwärmen und Rühren längere Zeit mit 10 ccm 2 n-Salpetersäure behandelt und mit 50 ccm heißem Wasser versetzt. Man filtriert die ungelöst bleibende Zinnsäure auf ein Filter ab, wäscht sie mit heißem, durch einige Tropfen Salpetersäure angesäuertem Wasser, zuletzt mit reinem Wasser gründlich aus, trocknet sie bei 100°, bringt sie vom Filter möglichst vollständig auf schwarzes Glanzpapier und verascht das Filter in einem gewogenen, etwa 20 ccm haltenden Porzellantiegel von möglichst hoher Form. Man befeuchtet den Glührückstand (?) mit einem Tropfen konzentrierter Salpetersäure, trocknet und glüht ihn, fügt die übrige Zinnsäure hinzu, erhitzt den Tiegel unter Luftzutritt auf Rotglut und wägt das kupferoxydhaltige Zinndioxyd. Dieses wird alsdann möglichst vollständig in eine größere Achatreibschale gebracht, sehr fein zerrieben und mit etwa der zehnfachen Menge einer Mischung von gleichen Teilen reiner, kalzinierter Soda und reinen Schwefels innig gemengt. Von der Güte der Zerkleinerung und Mischung hängt das Gelingen des nun folgenden Aufschließens in erster Linie ab.

Man bringt das Substanzgemisch unter Benutzung eines Pinsels quantitativ in den vorher gebrauchten Tiegel zurück, bedeckt diesen und erwärmt ihn über ganz kleiner, leuchtender Flamme. Der überschüssige Schwefel verdampft allmählich und brennt am Tiegeldeckel heraus. Dieses schwache Erhitzen soll mindestens 20 Minuten dauern; andernfalls bleibt der Aufschluß sicher unvollständig. Sobald die Schwefelflamme verschwindet, erhöht man die Temperatur langsam auf dunkle Rotglut. Nach dem Abkühlen löst man den Schmelzkuchen, welcher glatt zusammengeschmolzen sein muß, im Tiegel mit heißem Wasser auf, spült die braune Lösung in ein 200 ccm-Becherglas, versetzt sie mit einigen Tropfen starker Natriumsulfitlösung, wodurch das Polysulfid, in welchem Kupfersulfid merklich löslich ist, in Monosulfid übergeht, und erwärmt sie, bis sie hellgelb aussieht. Das Kupfersulfid wird auf ein Filter abfiltriert und erst mit 1%iger Natriumsulfidlösung, dann mit Schwefelwasserstoffwasser ausgewaschen. Man trocknet und verascht das Filter in dem zuvor gebrauchten, neu gewogenen Tiegel, wägt das zurückbleibende Kupferoxyd und zieht dessen Gewicht von demjenigen des Zinndioxydes ab.

Fast immer enthält das Kupfersulfid noch unaufgeschlossenes Zinndioxyd. Sandige Beschaffenheit des Sulfides, weiße Stellen am geglühten Kupferoxyd oder graues Aussehen des letzteren deuten an, daß der Soda-Schwefel-Aufschluß nicht vollständig war. Das Kupferoxyd ist daher noch einmal mit Soda und Schwefel zu schmelzen. Nötigenfalls muß dies wiederholt werden, bis sich das Kupferoxydgewicht nach erneutem Aufschließen nur noch um wenige Zehntel Milligramm verringert.

Das Filtrat von der Zinnsäure wird zur Trockene verdampft. Man nimmt den Rückstand mit 20 ccm 2 n-Schwefelsäure auf, erhitzt die Lösung zur Entfernung der Salpetersäure noch einmal auf dem Wasserbad bis zum Verschwinden des Säuregeruches und benutzt sie zur elektrolytischen Bestimmung des Kupfers nach Nr. 48. Die Anode färbt sich durch Spuren von Bleidioxyd (?) meist schwarz. Man vergesse nicht, zum Gewicht des elektrolytisch bestimmten Kupfers dasjenige des als Oxyd gewogenen hinzuzufügen.

Man dampft die hinterbleibende Zinklösung samt den Waschwässern auf kleines Volum ein, neutralisiert sie mit Ammoniak, macht sie mit Schwefelsäure wieder schwach sauer und bestimmt ihren Zinkgehalt durch Titrieren mit Kalium-Eisen(2)-zyanidlösung (vgl. Nr. 33), deren Titer zuvor mittels der früher dargestellten Zinklösung zu prüfen ist.

Anzugeben: % Cu, Sn, Zn.

V. Gasanalyse und Gasvolumetrie.

Allgemeines.

Unter Gasanalyse versteht man die analytische Untersuchung, im engeren Sinne die quantitative Analyse gasförmiger Substanzen; ihre Resultate werden meist in Volumprozenten angegeben. Bei der Gasvolumetrie mißt man die Volume gasförmiger Reaktionsprodukte, welche bei gewissen Analysen entstehen, um aus dem Volum das Gewicht und daraus das Analysenresultat zu berechnen.

Da sich beide Verfahren mit der Messung von Gasvolumen befassen, hat man bei ihrer Anwendung oft den Einfluß von Druck und Temperatur auf das Volum der Gase[1]) zu berücksichtigen.

Nach dem Boyle-Mariotteschen Gesetz sind für alle Gase Dichte und Druck einander direkt, Volum und Druck einander umgekehrt proportional; es gilt die Gleichung

$$p_1 v_1 = p_2 v_2,$$

wenn p den Druck, v das Volum bezeichnet und die zueinander

---

[1]) Diese Einwirkung ist bekanntlich für alle Gase fast gleich, sofern sie sich nicht nahe ihrer Verflüssigungstemperatur oder unter hohen Drucken befinden.

gehörenden Drucke und Temperaturen durch gleiche Beiziffern kenntlich gemacht werden.

Nach dem Gay - Lussacschen Gesetz werden bei konstant gehaltenem Druck alle Gase durch eine Temperaturerhöhung von $1°$ um $^1/_{273}$ desjenigen Volums ausgedehnt, welches sie bei $0°$ einnehmen; es ist

$$v_t = v_0 (1 + \alpha t),$$

wenn v_0 das Volum bei $0°$, v_t dasjenige bei der Temperatur t und α den Ausdehnungskoeffizienten $^1/_{273}$ bedeuten.

Will man bei verschiedenen Druck- und Temperaturverhältnissen gemessene Gasvolume miteinander vergleichen oder aus dem Volum das Gewicht berechnen, so reduziert man die beobachtete Volume auf „Normalvolum", d. h. das Volum bei $0°$ und 760 mm Druck. Die dabei benutzte Gleichung

$$v_0 = v_t \frac{p_t}{760 \,(1 + \alpha t)}$$

ergibt sich durch Vereinigung des Boyle - Mariotteschen und Gay - Lussacschen Gesetzes[1]). Der Druck p_t, unter welchem bei der Temperatur t das Volum v_t gefunden wird, ist im allgemeinen gleich dem Barometerstand B. Die Formel gilt nur unter der Voraussetzung, daß das untersuchte Gas trocken ist. Enthält es Wasserdampf, was im besonderen immer dann der Fall ist, wenn es über einer wässerigen Flüssigkeit abgesperrt ist, so werden sein Volum und sein Druck dadurch vermehrt. Sein Volum in trockenem Zustand wäre kleiner als das abgelesene; in die Reduktionsformel ist als p_t nicht mehr der ganze beobachtete, sondern der um die Tension der Sperrflüssigkeit, w, verminderte Barometerstand einzusetzen:

$$v_0 = v_t \frac{B - w}{760 \,(1 + \alpha t)}.$$

Bei genauen Messungen ist an der Barometerablesung selbst, sofern sie an einem Quecksilberbarometer erfolgte, eine durch die starke thermische Ausdehnung des Quecksilbers bedingte Korrektion anzubringen. Sie ist, weil dabei auch auf die Ausdehnung der Barometerskala Rücksicht genommen werden muß, ziemlich verwickelter Natur. Tabellen für diese Korrektion finden sich in den Lehrbüchern.

---

[1]) Durch Einführen der absoluten Temperatur T an Stelle der Celsiustemperatur erhält man die für die logarithmische Rechnung bequemere Reduktionsgleichung $v_0 = v_T \dfrac{273}{760} \cdot \dfrac{p_T}{T}$.

Die Gasanalyse.

Man ermittelt die Volume der einzelnen Bestandteile einer zuvor gemessenen Gasmenge nacheinander. Dazu dienen vornehmlich zwei Verfahren. Man bringt entweder das zu analysierende Gas mit einem (flüssigen oder festen) Reagens zusammen, welches den zu bestimmenden Bestandteil, und nur diesen, absorbiert und mißt das hinterbleibende Volum[1]); die Differenz gegenüber dem Anfangsvolum gibt das Volum des absorbierten Anteiles. Das zweite, bei brennbaren Gasen anwendbare Verfahren beruht darauf, daß das Gasgemisch mit überschüssigem Sauerstoff gemengt und zur Verbrennung gebracht wird. Man ermittelt die Menge des brennbaren Bestandteiles entweder aus der Volumänderung, z. B. beim Wasserstoff, wo durch die Kondensation des entstehenden Wassers eine starke Volumverkleinerung eintritt, oder durch Bestimmung eines Oxydationsproduktes, z. B. beim Methan, dessen Menge aus dem Volum des bei der Verbrennung gebildeten, durch Absorption mit Alkalilösung leicht bestimmbaren Kohlendioxydes berechnet werden kann[2]).

Zur Messung der Gasvolume dienen mit Volumteilung versehene, meist röhrenförmige Glasgefäße, Eudiometer, Gasmeßrohre, Gasbüretten usw. Für die Behandlung der Gase mit den Absorptionsmitteln oder für ihre Verbrennung mit Sauerstoff sind eine große Anzahl von Spezialapparaten, sog. Gaspipetten, Absorptionsbüretten, Explosionspipetten u. a. konstruiert worden, über welche man sich aus den Lehrbüchern der Gasanalyse unterrichte.

Man unterscheidet häufig die schnell auszuführende, weniger genaue, sog. technische von der genauen Gasanalyse. Bei ersterer werden die zu analysierenden Gasproben über Wasser aufgehoben und gemessen. Diese Arbeitsweise ist bequem, veranlaßt jedoch wegen der Löslichkeit der Gase in Wasser mannigfache Fehler. Einmal werden die Analysengase, besonders ihre leichter löslichen Anteile, von der Sperrflüssigkeit absorbiert, dann aber gibt auch diese die in ihr gelösten Gase teilweise ab. Man befolgt daher, sofern es sich nicht um sehr schwer lösliche Gase handelt, die Regel, die Sperrflüssigkeit längere Zeit mit dem zu analysierenden Gas in Berührung zu lassen und zu sättigen, ehe man die Analyse beginnt. Man hat bei der technischen Gasanalyse, zumal

---

[1]) Bei der Gasanalyse nach Wohl hält man das Gasvolum konstant und bestimmt die dazu erforderlichen Drucke.

[2]) Umgekehrt lassen sich einige stark oxydierende Gase durch Verpuffen mit Wasserstoff bestimmen.

die Apparate meist einfach sind, den Vorteil, so rasch arbeiten
zu können, daß die während der kurzen Dauer der Analyse auftretenden geringfügigen Änderungen des Barometerstandes und der
Temperatur zu vernachlässigen sind. Man legt daher den Berechnungen unmittelbar die abgelesenen Gasvolume zugrunde, ohne
diese erst zu reduzieren.

Bei der genauen Gasanalyse benutzt man als Sperrflüssigkeit
Quecksilber, in welchem sich kein Gas merklich löst. Die Genauigkeit der Analysen ist dadurch sehr vergrößert, gleichzeitig werden
aber auch kompliziertere Apparaturen und Berechnungen erforderlich.

Zu den im folgenden beschriebenen gasanalytischen Aufgaben
werden die von Hempel für die technische Gasanalyse angegebenen
einfachen Apparate verwendet.

55. Übungen in der Benutzung der Hempelschen Gasbürette und -pipette.

Verfahren: Es werden genau 100 ccm Luft in einer Hempelschen Bürette abgemessen, in eine mit Wasser gefüllte Pipette
übergeführt und wieder in die Bürette zurückgebracht. Das Volum
muß unverändert geblieben sein.

Ausführung: Fig. 33 zeigt die Hempelsche Bürette und
Pipette miteinander verbunden, wie man sie bei einer Analyse
braucht.

Die zum Abmessen der Gasvolume dienende Gasbürette
besteht aus dem geteilten, 100 ccm fassenden „Meßrohr" A und
dem ungeteilten „Druckrohr" B. Beide tragen am unteren Ende
kleine Ansatzrohre, welche durch einen 110 cm langen Gummischlauch C miteinander in Verbindung stehen. Die Rohre sind
in schwere, eiserne Füße von unsymmetrischer Form eingelassen,
die gestattet, beide dicht nebeneinander zu stellen. A läuft oben
in ein kurzes Kapillarrohr aus, über welches ein 6 cm langes Stück
Kapillarschlauch gezogen ist. Auf dem mit einer Bindung von
dünnem, vor dem Umlegen befeuchtetem Bindfaden[1]) luftdicht
befestigten Schlauch ist der Quetschhahn q' angebracht.

Die Gaspipette D besteht aus der „Absorptionskugel" und
der etwas kleineren, höher stehenden „Druckkugel". Erstere setzt
sich oben in ein mehrfach gebogenes Kapillarrohr, unten in ein

---

[1]) Die Dichtung ist durch festes Auflegen des mehrfach um den Schlauch
geschlungenen Fadens, nicht durch Anziehen des letzteren beim Verknoten
zu erzielen. Andernfalls zieht man den Schlauch an der Verknotungsstelle
von der Unterlage ab und bewirkt keine Dichtung, sondern eine Undichtigkeit.

weiteres, zur Druckkugel führendes Rohr fort. Das Kapillarrohr
trägt einen mit dem Quetschhahn q″ und einer Bindung versehenen
Kapillarschlauch. Die Verbindung von A und B erfolgt durch ein
zweimal gebogenes Kapillarrohr E, die „Verbindungskapillare"
Die Bank F erlaubt, B und D höher als A aufzustellen.

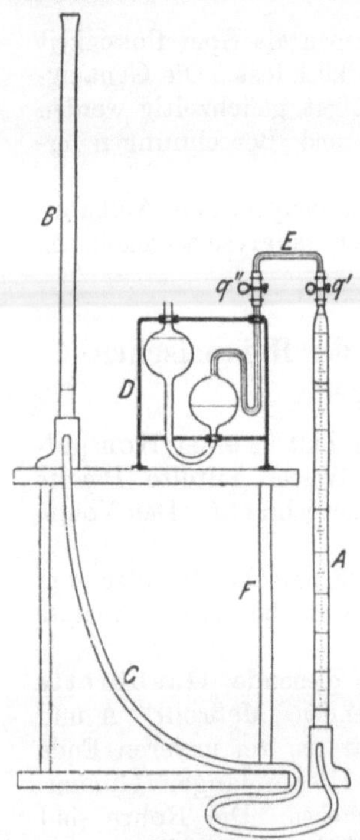

Fig. 33.
Hempelscher Apparat für die
Gasanalyse.

Man mißt zunächst 100 ccm Luft
in der vorerst noch nicht mit E verbundenen Bürette ab. Zu diesem
Zweck stellt man A und B in gleiche
Höhe, öffnet den Quetschhahn q′
und gießt in B so viel destilliertes,
luftgesättigtes Wasser, daß es A und
B etwas weiter als zur Hälfte füllt.
Alle im Schlauch C befindliche Luft
entfernt man durch Ausdrücken mit
den Fingern und Heben und Senken
von B. Nachdem noch der Quetschhahn q′ dicht am Ende von A auf
den Kapillarschlauch geschoben ist,
hebt man B hinreichend hoch und
öffnet q′, bis das Wasser die obere
Öffnung des Schlauches erreicht hat;
q′ wird dann wieder geschlossen. Die
nun vollständig mit Wasser gefüllte
Bürette ist damit zur Aufnahme
der abzumessenden Gasmenge bereit.
Handelte es sich um ein anderes Gas
als Luft, so würde man den Kapillarschlauch bei q′ mit dem Gaszulei-
tungsrohr verbinden.

Man stellt B auf den Fußboden
und saugt durch q′ in A Luft bis
dicht unter die unterste (100 ccm-)
Marke ein, schließt q′ und läßt den
Apparat 5 Minuten stehen, damit das Wasser von den Wandungen des Meßrohres herabläuft. Diese Vorsichtsmaßregel ist
bei jeder Ablesung zu beobachten. Noch zwei weitere Regeln
sind bei allen Messungen zu befolgen: das Meßrohr selbst nicht
mit der Hand anzufassen, um es nicht zu erwärmen, und das Auge
bei der Ablesung in die Höhe des Meniskus zu bringen. Nach
Ablauf der 5 Minuten quetscht man den Schlauch C, und zwar dicht
an A, so weit zusammen, daß der Meniskus in A genau auf Teilstrich 100 einsteht, und bewirkt durch kurzes Lüften von q′, daß

die Luft in A unter Atmosphärendruck kommt. Sobald man nun C freigibt, wächst das Volum des abgesperrten Gases, da dieses jetzt unter geringeren Druck gelangt. Hebt man aber B, es dicht neben A haltend, bis die Flüssigkeitsoberfläche in beiden Rohren in gleicher Höhe steht, so muß sich der Meniskus in A genau beim 100 ccm-Strich befinden. Andernfalls ist das Luftvolum von neuem abzumessen. — Alle Volumablesungen erfolgen, während die Sperrflüssigkeit in A und B gleich hoch steht, d. h. das gemessene Gas sich unter Atmosphärendruck befindet.

Die abgesperrten 100 ccm Luft sollen jetzt in die Hempelsche Absorptionspipette übergeführt werden. Man gibt in die Pipette, an welcher die Verbindungskapillare bereits befestigt ist (Bindungen!), von der Druckkugel aus Wasser, bis das Absorptionsgefäß ganz, die Druckkugel zum kleinen Teil gefüllt ist. Durch Neigen der Pipette oder auch durch Hineinblasen in die Druckkugel treibt man das Wasser in das Kapillarrohr, den Kapillarschlauch und die Verbindungskapillare. Sobald es aus dieser herauszufließen beginnt, schließt man den Quetschhahn q″. Bevor man nun die Verbindungskapillare in den Kapillarschlauch der Bürette oberhalb q′ schiebt, ist dieser vollständig mit Wasser zu füllen, wobei man mit den Fingern alle Luftblasen aus ihm herausdrückt. Dann wird er über das freie Ende der Verbindungskapillare gezogen und mit einer Bindung gesichert. Jetzt öffnet man die Quetschhähne und drückt durch allmähliches Heben des Druckrohres B die 100 ccm Luft in die Pipette über. Sobald der erste Tropfen der Sperrflüssigkeit aus A in der Absorptionskugel erscheint, wird q″ geschlossen. Man stellt B auf die Bank und schüttelt die Pipette einige Zeit mit der einen Hand, während man mit der anderen den Fuß der Bürette A hält. Alsdann führt man die Luft durch Senken von B und Öffnen von q″ wieder in die Bürette über, schließt q′, wenn das Sperrwasser die Kapillare von A erfüllt, und liest das Gasvolum nach 5 Minuten ab. Falls es nicht genau wie vorher 100 ccm beträgt, ist der Versuch nach Feststellung und Beseitigung der Fehlerquelle zu wiederholen.

56. Bestimmung des Sauerstoffes in der Luft.

Verfahren: Man mißt wie bei der vorigen Aufgabe 100 ccm Luft ab, schüttelt sie in der Absorptionspipette mit alkalischer Natriumhydrosulfitlösung und bestimmt das Volum des zurückbleibenden, sauerstoffreien Gases. Natriumhydrosulfit reagiert mit Sauerstoff im wesentlichen nach der Gleichung

$$Na_2S_2O_4 + O_2 + H_2O = NaHSO_4 + NaHSO_3.$$

Ausführung: Der Versuch wird ganz entsprechend dem vorhergehenden angestellt. Zum Füllen der Pipette verwendet man eine frisch bereitete Lösung von 10 g Natriumhydrosulfit in 200 ccm Wasser, der man unmittelbar vor dem Gebrauch (?) 50 ccm 10%ige Kalilauge zusetzt. Die trübe Hydrosulfitlösung wird nicht filtriert, da sie erfahrungsgemäß sonst den Sauerstoff träger absorbiert. Die Luft wird in der Pipette mit der Hydrosulfitlösung noch einige Minuten vorsichtig[1]) geschüttelt, nachdem die Absorption dem Augenschein nach vollendet ist. Nach Messen des Gasrückstandes in der Bürette ist die Behandlung mit der Hydrosulfitlösung noch einmal zu wiederholen und die Volumkonstanz zu prüfen. Mit einer Pipettenfüllung können mehrere Sauerstoffbestimmungen hintereinander vorgenommen werden, da 1 g Hydrosulfit über 100 ccm Sauerstoff zu binden vermag. Will man die Pipette mit der Lösung gebrauchsfertig aufheben, so verschließe man die Öffnung der Druckkugel mit einem Gummistopfen.

Anzugeben: Volum-% O_2 (Mittel aus drei Versuchen, deren Zahlen ebenfalls anzuführen sind).

Bemerkung: Zur Bestimmung anderer Gase dienen andere Absorptionsmittel; man absorbiert z. B. Kohlendioxyd durch Alkalilösung, Kohlenoxyd durch Kupfer(1)-Chloridlösung, Äthylen und verschiedene andere ungesättigte Kohlenwasserstoffe durch Bromwasser, Sauerstoff auch durch Phosphor, durch alkalische Pyrogallollösung oder durch Kupfer bei Gegenwart von Ammoniaklösung, Wasserstoff durch eine natriumpikrathaltige kolloide Palladiumlösung. Zur Analyse gewisser Gasgemische sind besondere Apparate im Gebrauch, bei welchen die notwendigen Absorptionspipetten zweckentsprechend miteinander verbunden sind. So ist z. B. der bei der Analyse von Feuerungsgasen vielbenutzte „Orsat-Apparat" für die Absorption von Kohlendioxyd, Sauerstoff und Kohlenoxyd eingerichtet. Der in den Feuerungsgasen noch enthaltene Stickstoff hinterbleibt nach der Absorption der übrigen genannten Bestandteile.

57. Analyse des Leuchtgases.

Verfahren. Im Leuchtgas sind zu bestimmen: Wasserstoff, Methan, Kohlenoxyd, Stickstoff, die sog. schweren Kohlenwasserstoffe, Kohlendioxyd, Sauerstoff.

Man absorbiert das in 100 ccm Leuchtgas enthaltene Kohlendioxyd mit Kalilauge, darauf die schweren Kohlenwasserstoffe

---

[1]) Damit der Schwefel, welcher sich meist abscheidet, nicht die Kapillare verstopft.

durch Bromwasser, dann den Sauerstoff durch alkalische Pyrogallollösung und schließlich das Kohlenoxyd durch Kupfer(1)-Chlorid-
lösung. Ein Teil des nicht absorbierbaren, aus Methan, Wasserstoff
und Stickstoff bestehenden Gasrestes wird mit einem gemessenen
Volum überschüssiger Luft gemischt und in einer Explosionspipette
verbrannt. Man bestimmt die dadurch bewirkte Volumverringerung
und die Menge des entstandenen Kohlendioxydes; aus diesen Werten
ist der Gehalt des verpufften Gases an seinen drei Bestandteilen
zu berechnen.

Ausführung: Die Bestimmung erfolgt mit den Hempelschen
Apparaten nach Hartwig Franzen „Gasanalytische Übungen"[1]).

Die Gasvolumetrie.

Die Zahl der gasvolumetrisch zu analysierenden Substanzen ist
ziemlich groß; von wichtigeren seien hier genannt: Nitrate und
Nitrite (aus der daraus zu entwickelnden NO-Menge), Ammoniak
und seine Abkömmlinge (aus dem mit Hypobromitlösung gebildeten Stickstoff), Karbonate (Kohlendioxyd), Sulfide (Schwefelwasserstoff), Zinkstaub und andere Metalle (aus dem mit Säuren
entstehenden Wasserstoff), Braunstein (Sauerstoff), Wasserstoffperoxyd (Sauerstoff).

Wie man sieht, sind es sehr verschiedenartige Reaktionen, welche
zur quantitativen Abscheidung meßbarer Gase führen. Dementsprechend ist auch die Zahl der zur Gasvolumetrie dienenden
Spezialapparate beträchtlich. Von allgemein verwendbaren seien
angeführt: Lunges Nitrometer, Knop-Wagners Azotometer
und Lunges Gasvolumeter. Im letzteren ermöglicht ein auch bei
einigen anderen, hier nicht erwähnten Apparaten benutzter einfacher Kunstgriff, ein Gasvolum ohne Kenntnis von Barometerstand und Temperatur experimentell auf das Normalvolum zu
reduzieren. Das Gasmeßrohr und das Druckrohr, die den entsprechenden Teilen der Hempelschen Apparate gleichen, jedoch
Quecksilber enthalten, sind mittelst eines in den Verbindungs-
schlauch eingeschalteten T-Stückes mit einem dritten, dem „Korrektionsrohr", verbunden. In diesem wird über Quecksilber eine
Luftmenge abgeschlossen, deren Volum bei Normalverhältnissen
(0°, 760 mm) bekannt, z. B. 100 ccm, ist. Hat man nun im Meßrohr ein zu messendes Gas unter nicht „normalen" Bedingungen,
so wird auch das Volum der Luft im Korrektionsrohr von 100 ccm
abweichen. Bringt man dann aber durch Heben oder Senken des

---

[1]) Leipzig, Veit u. Co.

Druckrohres die im Korrektionsrohr befindliche Luft auf genau 100 ccm und sorgt dafür, daß die Quecksilbermenisken im Meßrohr und Korrektionsrohr gleich hoch stehen, so befindet sich das zu messende Gas jetzt unter Bedingungen, welche sein Volum genau so auf das Normalvolum reduzieren, wie sie es mit der Luft im Korrektionsrohr tun; mit anderen Worten: das jetzt abgelesene Gasvolum ist das sonst nur rechnerisch zu findende Normalvolum.

Die gasvolumetrischen Verfahren sind entweder direkte oder Luftverdrängungsverfahren, je nachdem man das entwickelte Gas selbst (vgl. Analyse 58) oder die durch das Gas verdrängte, teilweise mit ihm vermischte Luft (vgl. Analyse 59) mißt.

58. Gasvolumetrische Bestimmung der Salpetersäure in einer Kaliumnitratlösung[1].

Verfahren: Kaliumnitrat wird durch Eisen(2)-Salz in saurer Lösung zu Stickoxyd reduziert:

$$KNO_3 + 3\,FeCl_2 + 4\,HCl = NO + KCl + 3\,FeCl_3 + 2\,H_2O\,.$$

Aus der Menge des über Wasser aufgefangenen und gemessenen Stickoxydes ergibt sich der N_2O_5-Gehalt des Salpeters.

Ausführung: Der erforderliche, vom Assistenten zu ent leihende Apparat ist nach Fig. 34 herzurichten. Der 250 ccm-Rundkolben A trägt in einem doppelt durchbohrten Gummistopfen das 2 mm weite Kapillarrohr des Tropftrichters B und das Gasentbindungsrohr C. Dieses endet (vgl. die Nebenzeichnung) in einem T-Stück, welches so weit in eine kleine, mit Quecksilber gefüllte Schale eintaucht, daß das seitliche Rohr durch Quecksilber abgesperrt ist. Die ganze Vorrichtung befindet sich in einem mit Wasserzufluß und -ablauf versehenen Kühlgefäß D. Die obere Abzweigung des T-Stückes trägt einen auf der Oberseite mit radialen Einkerbungen versehenen, durchbohrten Kork; auf diesem ruht das 100 ccm-Gasmeßrohr E.

80 g gepulvertes, kristallisiertes Eisen(2)-Chlorid löst man in Wasser unter Zugeben von 2 ccm konzentrierter Chlorwasserstoffsäure zu einem Gesamtvolum von 100 ccm auf und filtriert die Lösung, welche gut verschlossen aufzubewahren ist. Man gießt davon rd. 30 ccm in den mit einigen Siedesteinchen beschickten Kolben A und fügt rd. 50 ccm Salzsäure (D = 1,12) hinzu. Mit derselben Säure füllt man das Kapillarrohr des Tropftrichters B der ganzen Länge nach, schließt den Hahn und stellt dann den

---

[1] Dem Assistenten ist eine Ausgabepipette zu übergeben.

Apparat zusammen, ohne zunächst das mit Wasser gefüllte Meßrohr E (es sind drei solcher Rohre bereitzuhalten) über das Ende
des Rohres C zu schieben, dessen obere Öffnung sich über dem
Quecksilber im Wasser befinden muß. Der Inhalt des Kolbens A
wird nun vorsichtig zu gleichmäßigem Sieden gebracht. Man prüft
von Zeit zu Zeit, ob der entweichende Wasserdampf noch Luft
enthält, indem man über das Ende von C ein mit Wasser gefülltes
Reagenzglas bringt. Sobald nur noch winzige, sich nicht mehr
verringernde, aus dem Kühlwasser durch die Erwärmung aus-
getriebene Luftbläschen aufsteigen, die Luft aus dem Kolben A
also verdrängt ist, befestigt man das Meßrohr E über der Öffnung
von C, verkleinert die Flamme des Brenners, so daß das Quecksilber im Rohr C aufzustei-
gen beginnt[1]), läßt langsam
25 ccm der gegebenen Nitratlösung, welche man zuvor
mittelst einer Pipette in den
Tropftrichter B gebracht
hat, in den Kolben fließen
und spült den Tropftrichter
zweimal mit je 10 ccm verdünnter Salzsäure nach. Dabei regelt man, was leicht
gelingt, die Größe der Heizflamme so, daß im Kolben geringer Unterdruck herrscht,
ohne daß das Quecksilber in C
zu hoch steigt; danach vermehrt man die Hitze und
hält den Kolbeninhalt im Sieden, bis die in E aufsteigen-

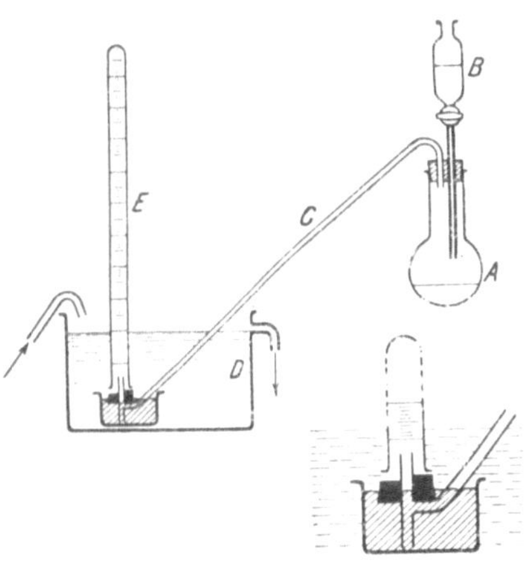

Fig. 34.
Apparat zur HNO_3-Bestimmung.

den Gasblasen wieder so winzig sind, wie sie vor dem Zugeben
der Nitratlösung waren. Man ersetzt E durch das zweite Gasmeßrohr und nimmt sofort eine zweite Bestimmung mit 25 ccm
Nitratlösung vor, der man dann noch eine dritte folgen läßt, ohne
die Eisenlösung zu erneuern.

Die Meßrohre werden in einen hohen Zylinder mit Wasser gebracht, in welches man sie ganz eintaucht. Vorher befestigt man
an ihren oberen Enden Handhaben aus Bindfaden. An diesen hebt
man die Rohre, ohne sie mit der Hand zu berühren, nach 5 Minuten

---

[1]) Wäre das Quecksilber nicht vorhanden und tauchte C unmittelbar
in Wasser, so würde dieses hierbei schnell in den Kolben zurückgesaugt
werden.

so weit aus dem Wasser heraus, daß dieses im Rohr und im Zylinder gleich hoch steht, liest das Gasvolum ab und mißt gleich danach die Temperatur des Wassers und den Barometerstand. Man berechnet das Normalvolum und das Gewicht des erhaltenen Stickoxydes unter Benutzung der Rechentafeln.

Anzugeben: N_2O_5 in 25 ccm.

59. Gasvolumetrische Analyse einer Wasserstoffperoxyd-
lösung[1]).

Verfahren: Die Wasserstoffperoxydlösung wird mit überschüssiger Kaliumpermanganatlösung zusammengebracht. Aus dem Volum des dabei entwickelten Sauerstoffes (vgl. Analyse Nr. 17) berechnet man den Gehalt der Lösung an H_2O_2.

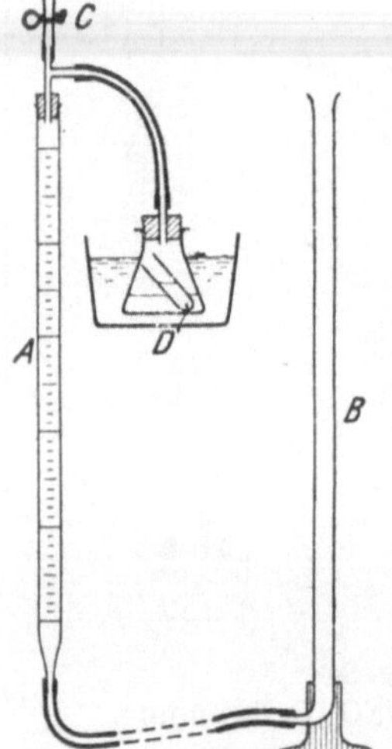

Fig. 35.
Apparat für die H_2O_2-Analyse.

Ausführung: Der erforderliche Apparat[2]) (Fig. 35) wird vom Assistenten ausgegeben. Er besteht aus dem geteilten Rohr einer gewöhnlichen Quetschhahnbürette A und dem damit durch einen 60 cm langen Schlauch verbundenen Hempelschen Druckrohr B. Im Hals von A ist mit einem Gummistopfen ein T-Rohr befestigt, welches oben ein kurzes Stück Gummischlauch mit dem Quetschhahn C trägt und an der Seite durch einen 15 cm langen Kapillarschlauch, ein kurzes Glasrohr und einen Gummistopfen mit einem 100 ccm-Erlenmeyerkolben in Verbindung steht. In den letzteren kann ein Reagenzgläschen D von 12—15 ccm Inhalt gestellt werden; der Kolben wird durch Wasser von Zimmertemperatur auf konstanter Temperatur gehalten.

Nachdem man A und B bis etwas über die Hälfte mit Wasser von Zimmertemperatur gefüllt hat, bringt man in den Erlenmeyerkolben mit einer Pipette 20 ccm der gegebenen Wasserstoffperoxydlösung und 20 ccm verdünnte Schwefelsäure, in das Gläschen D rd. 10 ccm kaltgesättigte Kaliumpermanganatlösung. Man setzt vorsichtig den mit A in Verbindung stehenden

---

[1]) Dem Assistenten ist eine Ausgabepipette zu übergeben.
[2]) Man kann statt dessen ein Lungesches Nitrometer oder ein Knop-Wagnersches Azotometer benutzen.

Gummistopfen fest auf den Erlenmeyerkolben und stellt diesen in das Wassergefäß. Nach 5 Minuten wird der Quetschhahn C gelüftet und der Meniskus des Sperrwassers in A durch Heben des Druckrohres B genau auf die Nullmarke der Bürette eingestellt. Man schließt dann C, stellt B wieder auf den Tisch, prüft, ob der Apparat dicht ist, und läßt durch vorsichtiges Neigen des Erlenmeyerkolbens die Permanganatlösung langsam zum Wasserstoffperoxyd fließen. Dem Sinken des Wassers in A folgend, senkt man auch B, so daß kein erheblicher Überdruck im Apparat entsteht. Wenn die Sauerstoffentwicklung nachläßt, schüttelt man das Kölbchen, dessen Inhalt rot sein muß, indem man es am Stopfen hält, vorsichtig, bis das Gasvolum in A bei wiederholten Ablesungen konstant bleibt. Dann hängt man den Kolben 5 Minuten in das Wasser, liest Gasvolum, Temperatur (Thermometer neben dem Meßrohr A) und Barometerstand ab und berechnet das Gewicht des entwickelten Sauerstoffes.

Anzugeben: % Gehalt der Lösung an H_2O_2 (Dichte = 1 gesetzt).

60. Schlußanalyse.

Die Analyse einer zunächst qualitativ zu untersuchenden Substanz (Salz, Lösung, Mineral, Handelsmetall, Legierung, Schlacke, Flugstaub, Glas, Brennstoff oder dgl.) ist nach den Angaben dieses „Praktikum", der Lehrbücher oder der Originalliteratur auszuführen. Es sind dabei auch Elemente und Stoffe zu berücksichtigen, welche hier nicht behandelt werden konnten. Man suche unter Heranziehung aller quantitativ-analytischen Verfahren den Analysengang möglichst einfach zu gestalten.

Der Verlauf der Analyse wird kurz schriftlich wiedergegeben.

VI. Die wichtigsten Verfahren zur quantitativen Bestimmung der häufigsten Metalle und Säuren

sind im Folgenden zusammengestellt. Bei jedem Stoff stehen unter I die Formen, welche zu seiner Abscheidung, Fällung usw. dienen, unter II die Formen, in denen er zur Wägung gebracht wird.

Die bei den Gruppentrennungen der Metalle benutzten, meist von der qualitativen Analyse her bekannten Verfahren sind hier ebensowenig berücksichtigt wie die zahlreichen Spezialverfahren zur Scheidung bestimmter Stoffe.

Sehr viele Metalle können als Sulfate (nach Abrauchen mit Schwefelsäure) gewogen werden, wenn sie als Oxyde, Karbonate, Sulfide, organische Salze u. dgl. vorlagen. Freie Basen und Säuren sind in der Regel alkali- bzw. azidimetrisch zu bestimmen. Für die Analyse sehr geringer Substanzmengen lassen sich oft kolorimetrische Verfahren anwenden.

Abkürzungen:

Titr. = titrimetrisch (und zwar, wenn nichts hinzugefügt ist, durch Alkali- bzw. Azidimetrie oder ein Spezialverfahren) bestimmbar; Fällg. = Fällungsverfahren, Jod. = jodometrisch, Mangan. = manganometrisch,

El. = elektrolytisch bestimmbar (als Metall, wenn nichts anderes bemerkt ist),

Gasan. = gasanalytisch bestimmbar.

Die mit * bezeichneten Verfahren sind in diesem „Praktikum" benutzt.

	I. Abscheidungsform	II. Bestimmungsform
Ag	$AgCl$	$AgCl$, El.*, Titr. (Fällg.)*
Al	$Al(OH)_3$*	Al_2O_3*
As	As_2S_3*, As_2S_5, $MgNH_4AsO_4$, $AsCl_3$	As_2S_3*, As_2S_5, $Mg_2As_2O_7$, Titr. (Jod.)*
Au	Au	Au
Ba	$BaSO_4$	$BaSO_4$
Bi	Bi_2S_3, $BiPO_4$	Bi_2S_3, $BiPO_4$, El.
Ca	CaC_2O_4*, $CaCO_3$*	CaO, $CaSO_4$*, Titr. (Mangan.)
Cd	CdS	$CdSO_4$, El.
Co	$Co(OH)_3$	Co, El.*
Cr	$Cr(OH)_3$*, Hg_2CrO_4, $BaCrO_4$	Cr_2O_3*, $BaCrO_4$, Titr. (Jod.)*
Cu	CuS*, $Cu(OH)_2$, $CuCNS$	Cu_2S*, CuO*, El.*, Titr. (Jod.* und nach Volhard)
Fe	$Fe(OH)_3$*, mit Nitroso-phenyl - hydroxylamin [Cupferron]	Fe_2O_3*, El., Titr. (Jod., Mangan.*, mit $SnCl_2$)
Hg	HgS, $HgCl$, Hg	HgS, $HgCl$, Hg, El.*
K	$KClO_4$*, K_2PtCl_6	K_2SO_4*, KCl*, $KClO_4$*, K_2PtCl_6
Mg	$MgNH_4,PO_4$*,$Mg(NH_4)_2(CO_3)_2$	$Mg_2P_2O_7$*, $MgSO_4$, MgO
Mn	$MnNH_4PO_4$*, $MnO_2aq.$*, MnS	$Mn_2P_2O_7$*, Mn_3O_4*, $MnSO_4$, MnS, El. (MnO_2), Titr. (Mangan.)
Na	—	Na_2SO_4*, $NaCl$*
NH_4	NH_3*, $(NH_4)_2PtCl_6$	Pt (aus $(NH_4)_2PtCl_6$), Titr. (als NH_3)*, Gasan. (als N_2)

	I. Abscheidungsform	II. Bestimmungsform
Ni	$Ni(OH)_3$, mit Dimethyl-glyoxim*	NiO, Ni, Ni-Dimethylglyoxim*, El.*
Pb	PbS, $PbSO_4$*	$PbSO_4$*, PbO, El. (PbO_2*, Pb)
Pt	Pt, $(NH_4)_2PtCl_6$, PtS_2	Pt
Sb	Sb_2S_3*, Sb_2S_5	Sb_2S_3*, SbO_2, El., Titr. (Jod.)
Sn	H_2SnO_3*, SnS, SnS_2	SnO_2*, El.
Ti	TiO_2 aq.	TiO_2, Titr. (Mangan.)
Zn	ZnS, $ZnCO_3$, $ZnNH_4PO_4$	ZnS, ZnO, $ZnSO_4$, $Zn_2P_2O_7$, El., Titr. (Fällg.)*
W	WO_3, Benzidinwolframat	WO_3
BO_3H_3	$B(OCH_3)_3$ = Borsäuremethyl-ester	B_2O_3, Titr. (mit Glyzerin- oder Mannitzusatz)
BrH	AgBr	AgBr, Titr. (Fällg., Jod.)
CNH	AgCN	AgCN, Ag, Titr. (Fällg.)*
CO_3H_2	CO_2*	CO_2*, Titr.*, Gasan. (als CO_2)
$C_2O_4H_2$	CaC_2O_4	CaO, Titr. (Mangan.)*
ClH	AgCl*	AgCl*, Titr. (Fällg.)*
ClOH	—	Titr. (Jod.)*
ClO_3H	AgCl	AgCl, Titr. (Jod.)
FH	CaF_2, SiF_4	CaF_2, Titr., Gasan. (als SiF_4)
JH	AgJ, PdJ_2	AgJ, PdJ_2, Titr. (Fällg., Jod.)
NO_2H	—	Titr. (Mangan.), Gasan. (als NO), Kolorim.
NO_3H	$C_{20}H_{16}N_4 \cdot HNO_3$ = Nitron-nitrat, NH_3, NO	Nitronnitrat, Titr. (nach Reduktion zu NH_3), Gasan. (als NO)*
PO_4H_3	$MgNH_4PO_4$, $(NH_4)_3PO_4 \cdot 12 MoO_3$*	$Mg_2P_2O_7$, $P_2O_5 \cdot 24 MoO_3$*, Titr. (mit Uranyllösung)
SH_2	$BaSO_4$	$BaSO_4$, Titr. (Jod.)*
SO_3H_2	$BaSO_4$	$BaSO_4$, Titr. (Jod.)
SO_4H_2	$BaSO_4$*	$BaSO_4$*, Titr. (mit Benzidin)
SiO_3H_2	SiO_2 aq.*	SiO_2*

Anhang.

Angaben über die zu analysierenden Materialien.

Es empfiehlt sich, die zu analysierenden Substanzen, wenn möglich in Form von Lösungen, derart auszugeben, daß ihre Menge den Praktikanten unbekannt bleibt. Die meisten Vorschriften dieses Büchleins sind auf dieses Verfahren zugeschnitten, welches sich in vielen Laboratorien seit langen Jahren bewährt hat, übrigens auch bei den Praktikanten beliebt ist.

Bei den von den Praktikanten selbst abzuwägenden Mineralien u. dgl. hält man von jeder Substanz eine Reihe verschieden zusammengesetzter Präparate vorrätig, wie man sie durch Mischen zweier analysierter Proben nach wechselnden Mengenverhältnissen leicht in beliebiger Zahl herstellen kann. Wo man die Kosten nicht scheut, kann man auch analysierte Mineralien und Legierungen aus dem Handel (z. B. von Dr. Franzen - Hamburg) beziehen.

Bei den in Form von Lösungen ausgegebenen Analysen mißt der Assistent dem Praktikanten eine gewisse Anzahl Kubikzentimeter der Vorratslösung von bekanntem Gehalt in einen 100 ccm-Meßkolben hinein zu und verdünnt sie sogleich mit etwas Wasser, während der Praktikant das Auffüllen der Flüssigkeit bis zur Marke zu besorgen hat. Die Prüfung der von den Praktikanten abgegebenen Analysenresultate wird erleichtert, wenn sich der Assistent für jede Lösung eine kleine Tabelle zusammenstellt, welche für die gewöhnlich zur Analyse auszugebende Anzahl Kubikzentimeter (Näheres hierüber siehe unten) die von den Praktikanten zu findenden Gewichtszahlen enthält (durchweg auf 25 ccm[1]) der auf 100 ccm aufgefüllten Lösung berechnet). Ein etwas abweichendes, sehr einfaches Verfahren empfiehlt Herr A. Thiel: Der Assistent vermerkt die Zahl der ausgegebenen Kubikzentimeter Lösung. Im Laboratorium hängt für die Praktikanten eine Tabelle der „Substanzmengen" für die einzelnen Bestimmungen aus. Auf diese „Substanzmengen" beziehen die Praktikanten ihre Analysenresultate, indem sie unter der Annahme, daß sie selbst die verzeichnete Substanzmenge abgewogen haben, den Gehalt der Substanz an

---

[1]) Da die Analysen meist mit 25 ccm ausgeführt werden.

dem analytisch bestimmten Stoff in Prozenten ausrechnen. — Die Werte der Tabelle sind einfach diejenigen Gewichtsmengen des fraglichen Stoffes, welche in 100 ccm der betreffenden Lösung enthalten sind. Infolgedessen muß der Praktikant theoretisch genau so viele Prozente des gesuchten Stoffes in der Substanz finden, wie der Assistent Kubikzentimeter abgemessen hat. Jede Umrechnung fällt mithin fort, und der Assistent kann aus der Abweichung der abgegebenen Zahl von dem vermerkten Wert sofort ersehen, ob die Genauigkeit der Analyse den Anforderungen genügt. Beispiel: Die Vorratslösung enthält 65,00 g $AgNO_3$ im Liter. Die in der Tabelle stehende „Substanzmenge" ist für alle Ag-Bestimmungen mit dieser Lösung $6{,}500 \cdot \dfrac{[Ag]}{[AgNO_3]} = 4{,}128$ g. Hat der Assistent z. B. 23,0 ccm der Silbernitratlösung zugemessen, so muß der Praktikant theoretisch $\dfrac{23{,}0}{100} \cdot 4{,}128$ g oder 23% Silber finden.

Wenn z w e i Bestandteile in einer Lösung zu bestimmen sind, gibt man dieselben in gegeneinander wechselnden Verhältnissen aus, mischt z. B. für die Bestimmung von Chlor und Natrium (Nr. 34) eine Natriumchlorid- und eine Natriumsulfatlösung.

Aus den folgenden, zunächst für den A s s i s t e n t e n bestimmten Tabellen können auch die P r a k t i k a n t e n die ungefähre Zusammensetzung der von ihnen zu analysierenden Lösungen ersehen.

Die erste Tabelle enthält alle für die vorgeschriebenen Aufgaben erforderlichen Lösungen und festen Analysensubstanzen. Bei ersteren sind die zweckmäßigsten Konzentrationen und die Herstellungsart angegeben. Ihr Titer wird in der Regel durch eine maß- oder gewichtsanalytische Bestimmung (evtl. durch Elektrolyse) zu ermitteln bzw. nachzuprüfen sein. Bei den mit * bezeichneten kann in Anbetracht der Reinheit des aufgelösten Materials hiervon abgesehen werden. Je nach der Zahl der analytisch arbeitenden Praktikanten sind die Lösungen in Mengen von 1—5 Litern (die T a b e l l e führt die in 1 l aufzulösende Substanzmenge an) herzustellen. Man hebt sie am besten in Flaschen mit Gummistopfen auf und schüttelt sie gut durch, ehe man ihnen Teile entnimmt. Zum Abmessen der für die meisten Analysen auszugebenden 20—30 oder 40—50 ccm empfehlen sich „Ausgabepipetten" der durch Fig. 36 veranschaulichten Art[1]. Sie bestehen aus recht starkwandigem Glas. Bei der Benutzung

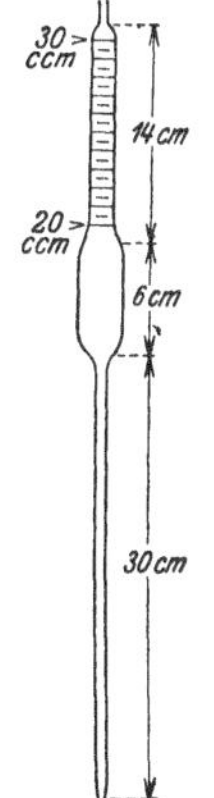

Fig. 36. Ausgabepipette.

---

[1]) Das obere Rohr ist in Zehntel-Kubikzentimeter geteilt.

wird das obere Ende durch einen Gummischlauch mit einem eng-gebohrten Hahn und einem Mundstück verbunden. Die Länge des unteren Rohres ist hier für 5 l-Vorratsflaschen berechnet. Sollen 40—50 ccm abgemessen werden, so füllt man die Pipette zweimal, das erstemal bis zur 20 ccm-Marke. In großen Laboratorien, wo die einzelne Lösung oft benutzt wird, kann man auch mit jeder Vorratsflasche eine Bürette fest verbinden.

Die eingeklammerten Zahlen der Tabelle weisen auf die Analysen hin, bei welchen die Lösungen oder Substanzen gebraucht werden.

A. Lösungen.

1. Aluminiumsulfat (40), 180 g $Al_2(SO_4)_3$, 18 aq.; mit HCl schwach angesäuert.
2. Ammoniumchlorid* (10), 20 g reines NH_4Cl.
3. Antimonchlorid* (45), 30 g reines Sb; in starker HCl und Br gelöst, letzteres durch CO_2 vertrieben, die Lösung mit verd. HCl aufgefüllt.
4. Arsentrioxyd* (21), 20 g reinstes, glasiges As_2O_3; gepulvert, in wenig Natronlauge gelöst, mit HCl schwach angesäuert.
5. Bleinitrat I*, verdünnt (47), 0,020 g reines $Pb(NO_3)_2$.
6. Bleinitrat II* (52), 50 g reines $Pb(NO_3)_2$.
7. Chrom(3)-Chlorid (38), 100 g $CrCl_3$, 6 aq.; in 2%iger Salzsäure.
8. Eisen (3)-Chlorid (15, 40, 43), 100 g $FeCl_3$, 6 aq.; in schwach salzsaurem Wasser.
9. Kaliumarsenat* (45), 35 g reines KH_2AsO_4.
10. Kaliumchlorid* (39), 40 g reines KCl.
11. Kaliumdichromat* (20), 30 g reines $K_2Cr_2O_7$.
12. Kaliumhydroxyd (5), 25 g KOH.
13. Kaliumnitrat* (58), 40 g reines KNO_3.
14. Kobaltsulfat (50), 150 g Ni-freies $CoSO_4$, 7 aq.
15. Kupfernitrat (51), 150 g reines $Cu(NO_3)_2$, 3 aq.
16. Kupfersulfat* (25, 35, 48, 49), 100 g reines $CuSO_4$, 5 aq.
17. Mangan (2)-Chlorid (38), 150 g $MnCl_2$, 4 aq.
18. Natriumchlorid* (31, 34, 39), 20 g reines NaCl.
19. Natriumhydroxyd (11), 15 g NaOH; der Karbonatgehalt ist nach Aufgabe 11 zu bestimmen und bei den Berechnungen zu berücksichtigen.
20. Natriumkarbonat* (11), 5 g Na_2CO_3; rein dargestellt nach Aufgaben 3 und 4.
21. Natriumsulfat* (34, 35), 50 g reines Na_2SO_4, 10 aq.
22. Nickelsulfat (49, 50), 150 g Co-freies $NiSO_4$, 7 aq.
23. Phosphorsäure* (42), 75 g reines Na_2HPO_4, 12 aq.; zur Lösung HNO_3 und 20 g $Ca(NO_3)_2$.

24. **Quecksilber(1)-Nitrat** (53), 50 g $HgNO_3$, aq.; in starker HNO_3 gelöst; Lösung auf einen Gehalt von 1% HNO_3 gebracht, filtriert.
25. **Schwefelsäure** (8, 9), 20 g H_2SO_4.
26. **Silbernitrat*** (28, 51), 65 g reines $AgNO_3$; mit einigen Tropfen HNO_3 angesäuert.
27. **Wasserstoffperoxyd** (17, 59), käufliche ca. 3%ige Lösung, mit der Hälfte ihres Volums Wasser verdünnt. Der Titer verändert sich beim Aufbewahren und ist durch die Analysen dauernd zu überwachen.
28. **Zinkchlorid*** (33), 20 g reines Stangenzink; in 100 ccm starker Salzsäure gelöst, mit 100 g NH_4Cl versetzt.

B. Feste Substanzen.

Antimon-Blei-Sulfid (46); feingepulvertes, inniges Gemisch von reinem Antimontrisulfid und reinem Bleisulfid zu etwa gleichen Teilen.

Blumendraht (14); von **Kahlbaum**. Oder „Eisendraht zur Titerstellung" mit 99,85% Fe, von C. **Gerhardt**, Bonn a. Rh.

Borax (6); in nicht zu großen Kristallen.

Braunstein (24); gepulvert; z. B. von **Wilhelm Minner**, Arnstadt i. Thür.

Chlorkalk (23). Ändert seine Zusammensetzung beim Aufbewahren.

Dolomit (41); in kleinen Stücken, möglichst frei von Gangart und Al und Fe[1]).

Feldspat [Orthoklas] (44); fein gepulvert; z. B. von der Staatl. Porzellan-Manufaktur Berlin.

Kupferkies (37); in kleinen Stücken oder grob gepulvert, frei von Gangart[1]).

Kupfer-Zinn-Zink-Legierung (54); 60 bis 80% Cu, 10 bis 20% Sn, 10 bis 20% Zn. Die Mischung der reinen Metalle (Stangen, Granalien oder dgl.) wird in einem Gasofen, z. B. im **Rößler**schen Tiegelofen, 20 Minuten auf helle Glut erhitzt. Für 500 g Mischung eignet sich ein 10 cm hoher Schamottetiegel. Der Tiegel wird heiß aus dem Ofen genommen und samt seinem dünnflüssigen, schnell mit einem Eisenstab umgerührten Inhalt unter Wasser getaucht. Von den angewendeten Metallen geht nur ein wenig Zink verloren. Die Legierung wird am zweckmäßigsten in die Form von Dreh- oder Feilspänen gebracht.

Magneteisenstein (16); in kleinen Stücken[1]).

Zyankalium (32); 100—130%iges (NaCN-haltiges) in Stücken.

---

[1]) Z. B. von Dr. F. **Krantz**, Rheinisches Mineralien-Kontor, Bonn a. Rh.

Zusammenstellung der für die Analysen auszugebenden Substanzmengen.

(L = Lösung; die ersten Ziffern sind die Nummern der Analysen.)

5. 20—30 ccm L 12.
6. etwa 25 g Borax.
8. 20—30 ccm L 25.
9. 20—30 ccm L 25.
10. 20—30 ccm L 2.
11. 20—30 ccm L 19 und 20—30 ccm L 20 (Karbonatgehalt von L 19 berücksichtigen!).
14. 1 g Draht.
15. 20—30 ccm L 8.
16. 3 g Magneteisenstein.
17. L 27, rd. 50 ccm; das genaue Abmessen geschieht durch die Praktikanten.
20. 20—30 ccm L 11.
21. 20—30 ccm L 4.
22. H_2S-Wasser, bei Zimmertemperatur gesättigt; evtl. dem Zentral-H_2S-Apparat zu entnehmen.
23. 5 g Chlorkalk.
24. 1 g Braunstein.
25. 20—30 ccm L 16.
28. 20—30 ccm L 26.
31. 20—30 ccm L 18.
32. 5 g Zyankalium.
33. 20—30 ccm L 28.
34. 20—30 ccm L 18 und 20—30 ccm L 21.
35. 20—30 ccm L 16 und 20—30 ccm L 21.
37. 3 g Kupferkies.
38. 20—30 ccm L 7 und 20—30 ccm L 17.
39. 40—50 ccm L 18 und 20—30 ccm L 10.
40. 20—30 ccm L 8 und 20—30 ccm L 1.
41. 5 g Dolomit.
42. 20—30 ccm L 23.
43. 20—30 ccm L 8 und 20—30 ccm L 17.
44. 5 g Feldspat.
45. 20—30 ccm L 3 und 20—30 ccm L 9.
46. 2 g Antimon-Blei-Sulfid.
47. 10—40 ccm L 5.
48. 20—30 ccm L 16.
49. 20—30 ccm L 16 und 20—30 ccm L 22.
50. 20—30 ccm L 14 und 20—30 ccm L 22.
51. 20—30 ccm L 15 und 20—30 ccm L 26.
52. 20—30 ccm L 6.
53. 20—30 ccm L 24.
54. 3 g Kupfer-Zink-Zinn-Legierung.
58. 20—30 ccm L 13.
59. 20—30 ccm L 27.

Bemerkung: Die Fehlergrenze beträgt bei den meisten Analysen 1—1,5 mg.

Zusammenstellung der zum allgemeinen Gebrauch bestimmten Apparate[1]) und Chemikalien.

Apparate.

Achatreibschale, 8 cm Durchmesser.
Aluminium-Heizblöcke (Fig. 17).
Apparat für die Ammoniakdestillation (Fig. 22).
    ,,   ,, ,, Arsendestillation (Fig. 27).
    ,,   ,, ,, Bestimmung des Braunsteins nach Bunsen (Fig. 25).
    ,,   ,, ,, Elektrolysen (Aufg. 48 bis 54).
    ,,   ,, ,, Gasanalysen nach Hempel (Aufg. 55 bis 57).
    ,,   ,, ,, Herstellung reinen Wassers (Fig. 23).
    ,,   ,, ,, Kohlensäurebestimmung nach Bunsen (Fig. 26).
    ,,   ,, ,, Salpetersäurebestimmung (Fig. 34); dazu drei in $^1/_{10}$ ccm geteilte 100 ccm-Meßrohre und ein hoher Standzylinder von der Länge der Meßrohre.
    ,,   ,, ,, Wasserstoffperoxyd-Analyse (Fig. 35).
Aräometersatz.
Ausgabepipetten (Fig. 36).
Babo-Sicherheitsbleche.
Diamantmörser (Fig. 2).
Elektrischer Tiegelofen.
Fingertiegel aus Quarz (Fig. 19).
Finkenerturm (Fig. 9).
Gasentwicklungsapparate für Cl_2 (Bombe), CO_2, H_2 (Bombe), H_2S und SO_2 (Bombe).
Handgebläse.
Hilfsgewichtssatz (Aufg. 1).
Holzstofftöpfe für Eis.
Luftbad aus Aluminium.
Mekerbrenner.
Mikrobrenner.
Platingeräte: Tiegel, Fingertiegel, Neubauertiegel, Schalen, Elektroden u. a.
Porzellanplatte, glasiert, mit Vertiefungen, zum Tüpfeln (Aufg. 33).
Porzellanschalen, innen dunkelglasiert, 300, 400 ccm.
Standwage.
Stöpselflaschen, ca. 3 l.
Teclu- oder Allihnbrenner.
Zehnkugelrohr.

Chemikalien[2]).

Alkohol.
Ameisensäurelösung (85%).
Ammonium-chlorid, reinstes.
    ,,   -karbonat.
    ,,   -molybdat.
    ,,   -nitrat.

Ammonium-nitritlösung „barytfrei" (Kahlbaum).
    ,,   -oxalat.
    ,,   -persulfat.
    ,,   -rhodanid.
Bariumchlorid.

---

[1]) Sie werden vom Assistenten gegen Quittung ausgeliehen.
[2]) Wo nichts anderes bemerkt ist, in reiner (fester) Form. Die gewöhnlichen Platzreagentien, Säuren usw., sind hier nicht berücksichtigt.

Bleinitrat.
Brom.
Dimethylglyoxim.
Dinatriumhydrophosphat.
Eisen(3)-Ammonium-Sulfat (Eisen-
    ammoniakalaun).
Eisen(2)-Chlorid.
Flußsäure.
Glaswolle.
Hydrazinsulfat.
Indigoschwefelsaures Natrium.
Jod (Jod. resubl.).
Kalium-bromid.
  „ -Eisen(2)-zyanid, reinstes.
  „ -permanganat.
Kalzium-chlorid,   gekörnt und ge-
    siebt.
  „ -karbonat, reinstes.
  „ -oxyd (aus Marmor), in
    Stücken.
Kupfer(1)-Chlorid.
Kupfer(2)-Sulfat, kristall.
Mangan(2)-Sulfat.
Methylorange.
Natrium-azetat, kristall.
  „ -bikarbonat.
  „ -chlorid.
  „ -dichromatlösung, techn.
  „ -hydrosulfit.

Natrium-hydroxyd, in Stangen, mit
    Alkohol gereinigt.
  „ -karbonat, kristall.
  „ -karbonat, wasserfrei.
  „ -sulfid.
  „ -sulfit.
  „ -thiosulfat, reinstes.
Neßlersches Reagens.
Oxalsäure, reinste, kristall.
Perchlorsäurelösung (20%).
Phenolphthaleinlösung, alkohol. (1%).
Phosphorsäurelösung (25%).
Pyrogallol.
Quecksilber.
Quecksilber(2)-Chlorid.
    „   -jodid.
Schmirgelpapier.
Schwefel, kristall.
Schwefeldioxydlösung.
Schwefelsäure, roh.
Siegellack.
Silbernitrat.
Stärke, lösliche.
Uranylnitrat.
Vaselin.
Watte.
Weinsäure.
Zink, reinstes, in Stangen.
Zinn(2)-Chlorid, reinstes, kristall.

Druck der Spamerschen Buchdruckerei in Leipzig.